ARBORICULTURE

FRUITIÈRE ET FORESTIÈRE

AVEC QUELQUES PRINCIPES SUR LA CULTURE DES ARBRES D'ORNEMENT

PAR

Ludovic PELLETIER

PROFESSEUR D'ARBORICULTURE ET DE VITICULTURE
A LA SOCIÉTÉ D'HORTICULTURE D'ANGERS ET DU DÉPARTEMENT DE MAINE-ET-LOIR

Membre des Sociétés d'Horticulture d'Angers et de Cholet

Membre de la Société centrale d'Horticulture de France

ANGERS

IMPRIMERIE TYPOGRAPHIQUE L. HUDIN

Rue Lenepveu, Cour des Cordeliers

—

1886

LES PREMIERS PAS

L'ARBORICULTURE FRUITIÈRE ET FORESTIÈRE

. ANGERS. — IMPRIMERIE TYPOGRAPHIQUE L. HUDON

NOTIONS ÉLÉMENTAIRES
D'ARBORICULTURE FRUITIÈRE ET FORESTIÈRE

LES PREMIERS PAS

DANS

L'ARBORICULTURE

FRUITIÈRE ET FORESTIÈRE

AVEC QUELQUES PRINCIPES SUR LA CULTURE DES ARBRES D'ORNEMENT

PAR

Ludovic PELLETIER

PROFESSEUR D'ARBORICULTURE ET DE VITICULTURE

A LA SOCIÉTÉ D'HORTICULTURE D'ANGERS ET DU DÉPARTEMENT DE MAINE-ET-LOIRE

Membre des Sociétés d'Horticulture d'Angers et de Cholet

Membre de la Société centrale d'Horticulture de Rennes

ANGERS

IMPRIMERIE TYPOGRAPHIQUE L. HUDON

Rue Lenepveu, Cour des Cordeliers

1886

AVANT-PROPOS

L'Arboriculture fruitière est l'art de cultiver les arbres fruitiers en leur donnant une direction en raison de leur nature, et en les soumettant à une taille positive, raisonnée selon la nature du sol et de leur végétation, pouvant ainsi les former plus ou moins vivement selon que la sève, chez eux, est plus ou moins fougueuse.

Son but est d'arriver à une bonne fructification en établissant une marche régulière de la sève dans toutes les parties de l'arbre ou dans toutes les branches de la charpente sur lesquelles sont assises les productions fruitières, afin d'obtenir d'elles de beaux et bons fruits et de les tenir dans un état constant de bonne végétation et de fructification.

Il est essentiel avant de traiter des diverses opérations pratiques de connaître quelques principes d'Anatomie et de Physiologie végétales.

Ces deux sciences servent en effet constamment de guide dans toutes les opérations que nous faisons subir aux arbres fruitiers.

LES PREMIERS PAS

DANS

L'ARBORICULTURE

CHAPITRE PREMIER

ANATOMIE ET PHYSIOLOGIE VÉGÉTALES

ANATOMIE VÉGÉTALE

L'Anatomie comprend la connaissance, la structure des organes des plantes, indispensables à connaître afin de pouvoir, au besoin, apprécier l'indice même d'une maladie naissante et permettant ainsi de donner mieux les soins nécessaires aux organes malades, et qui sont souvent essentiels à la vie des arbres.

On distingue dans les arbres, les organes *conservateurs,* *reproducteurs* et *élémentaires.*

Organes conservateurs. — Les organes conservateurs sont : la *Racine* et la *Tige.*

DE LA RACINE (*Radix*).

La racine est la partie de l'arbre qui prend possession du sol et qui s'y subdivise pour y puiser les éléments nutritifs de l'arbre ; elle s'y dirige plus ou moins profondément, selon les essences.

La racine de certains arbres est plus ou moins ligneuse ; elle craint plus ou moins l'humidité du sol ; de là, la loi qui nous oblige à bien connaître les arbres, et à les étudier dans leurs goûts relatifs à la nature du sol. D'ailleurs, tous les végétaux, ne vivant pas des mêmes principes, se développent parfaitement ou languissent, si le sol qui leur a été approprié leur est plus ou moins favorable.

Les racines sont en rapport avec la partie aérienne de l'arbre. Si les bourgeons, les rameaux ou les branches sont mutilés, les racines se ressentent de ce malaise, et réciproquement.

On distingue dans la racine les parties suivantes : le Collet, le Pivot, les Radicules et les Radicelles.

Le *Collet* est la partie de l'arbre qui unit la tige à la racine, c'est le *nœud vital* ou la ligne d'intersection entre la racine et la tige.

Le *Pivot* est la partie principale de la racine ; il est quelquefois simple ou composé et donne naissance aux grosses racines qui elles-mêmes produisent les radicules, et par suite les radicelles qui forment, dans leur ensemble, le chevelu.

Remarque. — On remarque aussi sur certaines racines des nœuds ou *boutons radicaux*, des bulbes, des tubérosités, selon la nature de l'Arbre.

Les groseilliers, les framboisiers, quelques variétés de pruniers possèdent ces boutons radicaux qui sont le rudiment d'une nouvelle reproduction.

Du Chevelu. — Le chevelu est la partie de la racine qui

est formée par l'ensemble des radicelles qui puisent dans le sol par leurs pores les sucs nécessaires à la vie des plantes.

ORGANES EXTÉRIEURS ET INTÉRIEURS

De la Tige

On distingue dans la tige, les organes extérieurs et intérieurs.

Organes extérieurs. — Considérant un arbre pendant la végétation on y distingue des bourgeons, des rameaux et des branches.

Pendant l'hiver, des rameaux et des branches.

Le Tronc est cette partie de la tige qui s'élève des racines jusqu'aux premières ramifications.

On peut donc, selon sa guise, élever le tronc d'un arbre, et cela en supprimant les branches ou les jeunes productions les plus basses.

Du Bourgeon

Le bourgeon est une partie herbacée qui provient d'un bouton; il apparaît au printemps, au réveil de la végétation, sur toutes les parties de l'arbre; c'est lui qui donne naissance à de nouveaux boutons et à de nouvelles feuilles.

On voit souvent apparaître des bourgeons sortant du sol ou des racines; ils portent notamment le nom de *drageons,* et de *faux-bourgeons* s'ils sortent directement de l'écorce; de *surgeons,* s'ils naissent du pied de l'arbre. Les bourgeons sont *composés* quand ils donnent naissance à plusieurs rameaux.

Du Bouton

Au printemps, sur les bourgeons, on voit apparaître de

petits corps, de forme conique, composés d'écailles imbriquées les unes sur les autres, c'est *l'œil*. Plus tard, pendant l'été, étant mieux constitué, il prendra le nom de bouton et peut être à fleur dans l'année de son développement, selon la nature de l'espèce ou du degré de vigueur qui l'a produit; il reste stationnaire pendant l'hiver. Au printemps suivant, au réveil de la végétation, il se dilate, ses écailles s'ouvrent, s'écartent et on voit apparaître, selon sa nature, un bourgeon ou des fleurs.

S'il doit donner naissance à un bourgeon, il prend le nom de bouton à bois, et de bouton à fleur, s'il doit donner naissance à des fleurs.

Du Mérithalle ou Entre-Nœuds

Le mérithalle est l'intervalle qui existe d'un bouton à un autre, d'un nœud à un autre. Lorsque le mérithalle est très rapproché sur les rameaux, principalement sur ceux de la vigne, c'est un signe distinctif de fertilité.

Remarque. — Lorsque les bourgeons naissent et vivent dans une demi-obscurité, le mérithalle est toujours plus éloigné et les rameaux sont mal constitués pour la production.

On donne aux bourgeons qui ne produisent que des feuilles le nom de *Folifères*.

Si, au contraire, les bourgeons ne donnent que des fleurs, ils prennent le nom de *Florifères*.

Nous pouvons donner le nom de *bourgeons mixtes* à ceux qui donnent tout à la fois des feuilles et des fleurs, comme dans la vigne.

Du Rameau

A une époque de son existence, le bourgeon devient plus ligneux, c'est-à-dire plus *dur*; sa végétation diminue progressivement, les boutons s'aoûtent, l'épiderme se colore, et on s'aperçoit que la végétation est suspendue, le bourgeon est couronné d'un bouton.

Aussitôt que ce phénomène se produit, il prend le nom et le caractère de *rameau*.

On peut donc dire que le bourgeon est le premier état des ramifications de l'arbre, et que le rameau en est le deuxième.

Au printemps, suivant l'année de son développement, lorsque tous les boutons ou une partie des boutons d'un rameau se sont transformés en bourgeons, ce rameau prend le nom de *branche*.

De la Branche

La branche est le troisième état des ramifications de de l'arbre ; elle sert de passage à la sève, et donne naissance, dans les arbres fruitiers, à d'autres productions appelées *coursons* ou *coursonnes*, petites branches ou brindilles, productions fruitières qui sont alimentées par elle.

Elle leur fournit un certain degré de sève en raison de la position qu'elles occupent sur elles. De là, comme nous le verrons plus tard, l'utilité d'avoir dans les arbres, des branches parfaitement droites et exemptes de nodosités ou de coupes trop rapprochées qui arrêtent par trop la sève sur certaines parties fruitières, faisant ainsi développer des bourgeons inutiles ou trop vigoureux, excessivement difficiles à déterminer à fruits, empêchant la libre circulation de la sève dans le bourgeon terminal.

De la Feuille

La feuille est une petite lame mince et élargie qui apparaît toujours au printemps, au moment du bourgeonnement, c'est-à-dire lorsque les boutons se transforment en bourgeons.

La feuille se compose de deux parties : le *Pétiole* et le *Disque*.

Le *Pétiole* est cette partie de la feuille qui unit le *Disque* au bourgeon; il est plus ou moins allongé selon les espèces et formé de fibres ou vaisseaux qui s'unissent et se subdivisent pour former cette espèce de réseau qui ressemble à un filet (disque), lequel, en un mot, est formé par les nervures de la feuille et qui ne sont elles-mêmes que la ramification du pétiole.

DU DISQUE

Le disque est quelquefois formé de plusieurs fractions; c'est cette partie de la feuille qui s'unit au pétiole. Chacune de ces fractions est pourvue d'une nervure principale lesquelles s'unissent à la nervure médiane ou principale. On donne à ces fractions le nom de *lobes*.

Le disque est doué d'un coloris, d'un verni plus ou moins brillant, c'est le *parenchyme*; c'est dans la feuille que s'effectuent les principaux phénomènes de la nutrition, aussi ne faut-il pas perdre de vue cet organe, car il joue un rôle important dans la végétation.

DU LIMBE

Le limbe est l'ensemble du réseau du bord de la feuille; il est uni ou presque ciselé, selon les espèces, c'est-à-dire formé de dents ayant l'apparence de la scie. De cet état de chose, qui paraît insignifiant à première vue, dépend toujours ou presque toujours la connaissance de nos variétés de pêches, etc., etc.

ORGANES INTÉRIEURS

Si on coupe transversalement une branche d'un végétal, on verra dans le centre une espèce de petit étui, c'est le canal médullaire qui renferme la moelle.

En dehors, nous trouvons le corps ligneux et l'écorce.

Moelle. — La moelle est une substance humide, spongieuse et légère qui se trouve en plus grande quantité chez certaines espèces, telles que dans le sureau, la vigne ; elle est plus abondante chez les jeunes plantes que chez les vieilles ; car dans les espèces parfaitement ligneuses, à bois très dur, au bout d'un certain temps, elle paraît être convertie en bois ; elle descend des plus hautes cimes jusqu'à l'extrémité des racines.

Du corps ligneux. — Autour du canal médullaire, se trouve le corps ligneux qui est formé de deux parties : le bois parfait et l'aubier.

Le bois parfait est formé par les couches de bois les plus vieilles. Au fur et à mesure que les couches d'aubier vieillissent, elles prennent le caractère de bois dur, par conséquent viennent agrandir la masse du bois parfait dans les arbres.

L'*Aubier* est formé de 5 ou 6 couches les plus récentes, c'est le bois à l'état d'enfance ; il est à remarquer que les couches les plus jeunes recouvrent celles précédemment formées.

Couches concentriques. — Chaque couche annuelle d'aubier est facile à distinguer ; elles sont séparées entre elles par une petite ligne formant une circonférence plus ou moins régulière ; on peut ainsi déterminer, à quelques années près, l'âge d'un arbre lorsqu'on l'abat près du sol.

De l'Écorce

L'écorce est cette enveloppe plus ou moins épaisse qui entoure le corps ligneux.

Si nous choisissons une jeune tige et qu'elle soit soumise à la décortication, nous voyons que, en l'examinant dans un sens longitudinal, une grande partie de son écorce ressemble au feuillet d'un livre, c'est le liber, formé de couches superposées, très minces.

Les couches les plus jeunes sont fixées chaque année au dessous de celles précédemment formées ; elles sont juxtaposées sur les plus jeunes couches d'aubier, de telle sorte que les plus vieilles sont les plus extérieures, et au bout d'un temps donné ces vieilles couches de liber se fendillent par le contact de l'air et le grossissement de la tige et forment ainsi des losanges plus ou moins réguliers.

On donne à ces diverses parties le nom de *couches corticales*.

Tissu sous épidermoïde. — Au dessus du liber, on aperçoit dans les jeunes tiges un tissu mince, très vert, et qui se trouve au-dessous de l'épiderme, c'est le tissu sous-épidermoïde.

De l'Epiderme

L'épiderme est cette membrane mince qui recouvre les jeunes productions des végétaux et qui les préserve du contact de l'air. C'est, en un mot, la partie la plus extérieure.

Il est à remarquer que dans certains arbres elle tombe chaque année et est remplacée pour ainsi dire aussitôt, comme dans les platanes.

Il est essentiel de débarrasser l'écorce de ce qui lui est étranger, surtout lorsqu'elle est un peu vieille ; entre ses feuillets se placent des insectes qui par leur présence nuisent énormément à la végétation. Nous verrons au chapitre des soins généraux l'utilité de ce travail.

ORGANES REPRODUCTEURS

Les organes reproducteurs des arbres sont les fleurs et les fruits.

Des Fleurs. — Les fleurs se composent elles-mêmes de deux parties, les enveloppes florales et les organes sexuels.

Les enveloppes florales sont constituées du *calice* et de la *corolle*.

Du Calice. — Le calice est la partie la plus extérieure de la fleur ; il est coloré en vert et présente plusieurs subdivisions.

Folioles-calicinales : On donne ce nom aux petites lames minces qui composent le calice.

Corolle. — On entend par corolle la partie de la fleur qui a le plus d'attrait ; ainsi, dans la fleur de l'amandier ou du pêcher à grande fleur, cette partie brillante qui charme l'œil, c'est la corolle.

Pétales. — On donne le nom de pétales à chaque division de la corolle.

Remarque. — La corolle n'est pas indispensable pour la fécondation, dans certaines espèces ; car il y en a qui en sont complètement dépourvues.

Organes Sexuels

On remarque dans les fleurs les organes mâles et les organes femelles.

Organes mâles. — Les organes mâles sont les étamines qui entourent le pistil.

Les *Étamines* sont composées de trois parties : le filet, l'anthère et le pollen.

Le *Filet* est la partie de l'étamine qui supporte l'anthère à son sommet.

L'*Anthère* est cette partie que supporte le filet et qui contient le pollen.

Le *Pollen* est la poussière fécondante des végétaux; il a une couleur jaunâtre, les mouches, les vents et quelquefois la main de l'homme le transporte sur le pistil pour former la fécondation.

Organe femelle. — Le seul organe femelle est le pistil.

Le *Pistil* se compose de l'ovaire, du style et du stygmate.

L'*Ovaire* est le siège de la fécondation; il se trouve à la base du style, c'est là où les jeunes semences reçoivent les sucs nécessaires à leur formation.

Le *Style* est une petite membrane qui supporte le stygmate; il contient en lui-même un petit canal ou vaisseau dans lequel circulent pendant la fécondation les sucs préparés dans les organes du stygmate, lesquels sucs pénètrent ensuite jusqu'aux ovules.

Le *Stygmate* est la partie supérieure du pistil; il a la forme d'une petite bourse secrétant une petite liqueur où viennent s'attacher les grains de pollen qui s'y gonflent, se désagrègent et forment ainsi la liqueur fécondante.

Fécondation. — En parlant de la fécondation dans ce chapitre, je faciliterai mieux mes lecteurs à comprendre ce qui vient d'être dit plus haut.

Je prends comme but la fécondation de la vigne.

Peu de temps après l'épanouissement des fleurs, les anthères s'ouvrent, le pollen tombe sur le stygmate, les grains de pollen s'y gonflent et absorbent une humeur visqueuse secrétée par cet organe; sa membrane intérieure se rompt, et à travers l'ouverture la membrane inférieure fait une saillie qui s'allonge en un appendice nommé tube pollinique, à travers la membrane duquel on peut apercevoir les glandes nageant dans une liqueur fécondante nommée *Fovilla*.

Le tube pollinique s'allonge en travers les cellules du stygmate et arrive, après les avoir traversées, dans le canal du style, où il chemine en s'allongeant toujours à travers le tissu conducteur, entre dans la cavité de l'ovaire et arrive enfin aux ovules par lesquelles il est absorbé.

Dès que l'impreignation a eu lieu, la fécondation est achevée. La fleur se fane, les étamines, la corolle, le calice même devenus inutiles tombent ainsi que le style et le stygmate, l'ovaire seul reste contenant les ovules fécondées et persiste jusqu'à ce que le fruit ou le grain soit formé.

Ovules. — Les ovules deviennent les pépins ou grains destinés à la reproduction.

Accidents. — Pour que les ovaires ou les ovules se transforment en fruits ou en grains, il faut que la fécondation ait lieu complétement, c'est-à-dire que le pollen des étamines puisse arriver aux ovules, avec les propriétés nécessaires pour les féconder.

Si, à ce moment, il survient des pluies qui entravent le pollen ou font crever ses grains avant qu'ils n'aient pu produire leur action, la fécondation n'a pas lieu.

C'est ce phénomène, ou si l'on veut cet accident que l'on distingue sous le nom de *coulure*; le fruit avorte ou se fond, suivant l'expression des praticiens, et donne naissance à des vrilles ou à des grappes possédant des grains très petits et très éloignés les uns des autres.

La pluie en est la principale cause, mais il y en a beaucoup d'autres : tels que les vents trop violents qui peuvent emporter le pollen, le froid qui peut geler les organes sexuels, et la trop grande chaleur les dessécher, enfin un vice de conformation des champignons parasites pouvant se développer à la place de l'ovaire et provoquer son avortement.

ORGANES REPRODUCTEURS

DES FRUITS

Le fruit est formé de deux parties principales : le péricarpe et les semences.

Le péricarpe est formé de l'épicarpe, partie extérieure qui enveloppe la partie charnue, sorte d'épiderme comme dans la poire, la pomme, la pêche.

2° Du sarcocarpe ou mésocarpe, partie charnue, succulente dans la poire, la pomme, etc.

3° L'endocarpe, membrane intérieure qui devient osseuse comme dans l'abricot, la pêche.

Une membrane intérieure garni la cavité dans laquelle se trouvent les graines.

Loges. — On donne le nom de *loges* aux cavités qui contiennent les graines.

Le *Péricarpe* est souvent partagé en plusieurs loges appelées cloisons.

Valves. — Quelquefois le péricarpe s'ouvre de lui-même par fractions au moment de la maturité, chaque pièce se nomme valve.

Suture. — La suture est la ligne qui réunit ces parties souvent saillantes ou profondes, comme dans les noix.

Les fruits secs sont déhiscents ou indéhiscents, selon qu'ils s'ouvrent ou ne s'ouvrent pas d'eux-mêmes.

Les déhiscents : haricots, petits pois, famille des légumineuses.

Les indéhiscents, comme l'amande à coque dure.

Des Graines

La graine est formée de la tunique, du périsperme et de l'embryon ; elle contient le germe d'une nouvelle plante. Lorsqu'elle se trouve placée dans des circonstances favorables, elle donne naissance à une plante de même espèce.

La *Tunique* est l'enveloppe de la graine.

Le *Périsperme* ou l'*Endosperme* est une substance souvent charnue, plus ou moins farineuse, qui forme l'enveloppe de l'embryon et en facilite le développement.

L'*Embryon* est le germe de la graine ; il se trouve dans le centre de l'amande : c'est la nouvelle plante à l'état latent.

On y distingue les trois parties suivantes : la radicule, la plumule et les cotylédons.

Radicule. — La radicule ou jeune racine est la partie de l'Embryon qui se développe la première ; elle se dirige vers la terre pour y puiser les sucs nécessaires à la jeune plante.

Plumule ou *Tigelle*. — La plumule ou jeune tige se dirige vers le ciel et donne plus tard, à la jeune plante, les bourgeons, les rameaux et les fruits ; elle porte à sa base les cotylédons.

Les *Cotylédons* sont deux organes semblables, de forme elliptique et placés entre la plumule et la radicule. Ils sont destinés à nourrir la jeune plante pendant la période de germination, ce sont ses mamelles, et plus tard, ses feuilles naturelles. Ils se dessèchent, tombent et sont ainsi remplacés par ces organes nouveaux qui commencent aussitôt à remplir leurs fonctions.

Organes Élémentaires

Tous les organes dont nous avons parlé sont formés eux-mêmes d'organes plus simples ; ils apparaissent sous formes de tubes ou vaisseaux et de cellules.

Ces tubes et ces vaisseaux sont les organes élémentaires des arbres.

Le tissu vasculaire est formé de tubes ou vaisseaux.

Le tissu cellulaire est composé d'un assemblage de cellules; dans tous les arbres on y trouve la réunion de ces deux tissus.

Le tissu vasculaire, vu à l'aide d'un verre grossissant, présente l'aspect de tubes parcourant les différents organes des plantes en s'unissant de distance en distance et en simulant les mailles d'un filet.

Quelques-uns de ces vaisseaux reçoivent l'air, et les autres les sucs nécessaires aux plantes.

Le tissu cellulaire ou utriculaire est formé d'une quantité de petites cellules serrées, soudées les unes aux autres, à parois minces. On le trouve dans toutes les parties molles, dans le parenchyme des feuilles, etc.

PHYSIOLOGIE VÉGÉTALE

Dans l'anatomie, nous nous sommes occupés de la structure des organes des plantes. La physiologie comprend leurs fonctions, les phénomènes qui se présentent chaque jour dans leur existence, soit dans la culture fruitière ou forestière.

Si nous étudions de près la vie végétale, nous trouvons des plantes qui, à l'état naturel, prennent des proportions considérables ; si ces mêmes espèces, plantées dans le même sol, sont soumises à la main de l'homme, tranchées et coupées sans discernement, l'œil observateur se demandera pourquoi ces arbres abandonnés à eux-mêmes, dont les branches s'élancent de la tige à de grandes distances n'ont-ils pas cet aspect si rachitique de ceux-là.

Pourquoi le tronc, la tige sont-ils plus grands et plus gros?

Pourquoi la vigne qui est plantée dans des sols substantiels, dans des terrains favorables à son développement, ne donne-t-elle pas toujours les fruits que nous avons le droit d'attendre d'elle ?

Pourquoi cette dégénérescence, ces maladies qui accablent cette plante comme tant d'autres ?

On est porté à croire que toutes ces mutilations, ces tailles mal appropriées aux espèces, la reproduction accomplie par des productions malsaines ou prises sur des sujets trop vieux sont autant de causes de la décadence de cette plante et de bien d'autres.

Il est incontestable que moins une plante est tourmentée, plus sa partie aérienne prend de développement; les racines

se forment en raison des nouveaux bourgeons qui se développent chaque année sur la tige, les feuilles se déploient en
grand nombre, absorbant ainsi dans l'atmosphère les gaz
nourriciers qui sont nécessaires à la vie des plantes, et réciproquement, les racines sont en moins grande quantité, si
les rameaux et les branches sont retranchés chaque année,
sans discernement.

Une vigne, comme nous le disions tout à l'heure, qui
donne à son début des sarments très vigoureux, viendra
bientôt à dépérir, si chaque année, au moment de la taille des
sarments, on n'applique pas à ceux-ci un système de taille
qui permettra de dépenser la sève et de donner des bourgeons fructifères en nombre tel que leur rendement en
fruits contribuera énormément à la maintenir dans l'état
normal ; si non, il se produit un désordre grave dans les
tissus, le collet de la souche se couvre de galles et la végétation s'appauvrit.

Cet accident se produit également lorsqu'il survient un
décolage, cause relative à ce qui vient d'être dit plus haut.

Si on comprend bien la physiologie et si ses principes sont
bien appliqués, l'arboriculture paraîtra moins difficile, les
difficultés s'aplaniront ; c'est pour le praticien une sorte de
livre qu'il a constamment sous les yeux et qui ne peut lui
donner que les meilleurs conseils, en le facilitant ainsi à faire
des expériences.

La physiologie comprend dans ses fonctions : la germination, la nutrition, l'accroissement, la dissémination des
grains et la mort.

La Germination est l'acte par lequel l'embryon de la graine
s'étant débarrassé des enveloppes séminales, donne naissance
à une plante semblable à celle qui l'a produite.

Agents naturels. — La germination ne peut s'effectuer que

par le concours de l'eau, de l'air, de la chaleur et de la lumière.

Effets de la Germination. — Lorsqu'une graine est confiée au sol, que la température est assez douce et que l'humidité et la lumière sont favorables à la germination, la graine se gonfle en absorbant l'humidité, son enveloppe extérieure ou tunique se rompt, la radicule prend possession du sol, la plumule se dégage, ses cotylédons apparaissent, s'étalent, fournissent à la jeune plante les sucs dont elle a besoin, et résistent jusqu'à ce que les premières feuilles soient développées lesquelles remplissent aussitôt leurs fonctions.

De l'Eau. — L'eau a la propriété d'amolir l'enveloppe, de pénétrer l'amande ou le pépin.

De l'Air. — Les plantes contenant en principe de l'oxygène et du carbone, l'air joue donc un rôle considérable dans la germination.

De la Chaleur. — La chaleur active l'évolution des germes en réchauffant le sol, et fait ainsi sortir l'embryon de son engourdissement; mais il y a un terme milieu favorable, car si la température est trop élevée, à 45 ou 50 degrés par exemple, l'humidité du sol est vivement vaporisée, et si la température est au-dessous de zéro, aucun symptôme germinatif ne se fera sentir; la graine disparaît par l'action du froid.

C'est donc entre ces deux extrêmes que l'on sera certain d'obtenir de bons résultats.

Du Sol. — Le sol n'est pas indispensable à la germination, mais si les graines germaient dans l'eau et y séjournaient trop longtemps, elles pourraient pourrir.

Confiées au sol, au contraire, elles reçoivent chaque jour un certain degré d'humidité, la jeune racine y trouve les sucs nécessaires pour la nutrition, au fur et à mesure du besoin.

Degré de profondeur à donner aux Graines. — Il est

essentiel d'observer, en confiant les graines au sol, de les enterrer selon leur volume : les grosses graines seront enterrées plus profondément que les petites, en n'oubliant pas toutefois la nature du sol; car les sols argileux, retenant une certaine humidité, les graines qui y seront confiées devront être placées plus près de la surface, et relativement à leur volume, que dans un sol *léger* qui se dessèche facilement.

Nutrition

Les végétaux reçoivent, comme je l'ai dit, du sol et de l'atmosphère les susbtances propres à la végétation; ces mêmes substances ne peuvent donc pénétrer dans leurs organes que par certaines modifications qui les transforment pour faciliter leur accroissement.

Les principes nécessaires à la vie des plantes sont : l'eau, l'air, l'acide carbonique, certaines matières minérales et salines, d'autres fournies par les engrais, contenant du carbone et de l'azote.

Dans l'atmosphère, les plantes reçoivent l'*oxygène,* l'*hydrogène* (vapeur d'eau), l'*ammoniaque* qui fournit les matières azotées, l'hydrogène sulfuré qui donne le soufre aux tissus, l'acide carbonique qui leur assimile le carbone, principe constitutif des végétaux.

Mode d'absorption

Les organes absorbants des végétaux sont les racines et les feuilles.

Absorption des racines. — Nous avons déjà vu que, c'est par leur chevelu que les racines puisent dans le sol les divers éléments qui viennent d'être cités, et cela par de petits pores ou bouches qui ont la propriété de suscion.

Pour être clair et pour bien faire comprendre l'assimilation des sucs nutritifs aux plantes, je vais m'efforcer de démontrer que les diverses matières contenues dans le sol ne peuvent y pénétrer qu'à l'état soluble, c'est-à-dire liquide ; de là la grande nécessité de l'eau.

Or, cet agent ayant la propriété de *dissolution*, les engrais sont promptement décomposés sous son action, et leurs principes vivifiants se mêlent ainsi à l'eau du sol, qui elle-même charrie, sous le nom de sève, tous les sucs qu'elle rencontrera sur son passage.

On comprend facilement les effets pernicieux de la sécheresse qui porte la désolation parfois dans les cultures agricoles et horticoles.

Lorsque la température est trop sèche, les engrais ne peuvent se décomposer, la sève manque, faute d'eau, les bourgeons de nos arbres s'arrêtent brusquement dans leur développement, les feuilles jaunissent avant le temps et ne peuvent rendre aux plantes l'humidité qu'elles perdent constamment par leur surface.

Je conseillerai donc, pour les *terrains secs*, de confier les engrais au sol à l'automne, au lieu du printemps, parce que les pluies fréquentes de l'hiver contribueront, pendant ce repos de végétation, à dissoudre ces engrais ; la sève en sera favorisée dès les premiers jours de son ascension.

Passage du fluide séveux dans les Plantes. — Aux premiers beaux jours du printemps, lorsque la température s'est adoucie, les boutons des arbres perdent leurs écailles et les bourgeons apparaissent tout verdis, les feuilles se déploient, la sève s'élance des racines jusqu'aux cimes les plus élevées et cela par les couches d'aubier les plus jeunes, sans toutefois abandonner complétement celles précédemment formées.

' Elle circule de ramifications en ramifications, de branches en branches, et s'élance avec force vers les parties extrêmes des productions. Chaque bouton possède une force d'attraction qui l'appelle vers lui, et chaque production nouvelle, par ses feuilles, demande son concours.

Or, les rameaux et les branches ne s'allongent chaque année que par la transformation de leurs boutons terminaux en *bourgeons*, qui eux-mêmes en produisent de nouveaux.

Il est à remarquer que les boutons terminaux naturels des rameaux se développent plus vigoureusement que ceux que la main de l'homme a choisis et que l'on appelle généralement *combinés*.

Ceci tient à ce qu'il n'y a vers ceux-là aucune déviation de la marche directe de la sève et qu'aucun des vaisseaux qui leur livre passage n'a été lésé par les instruments; de là ce principe que j'emploie souvent de préférence (lorsqu'il y a possibilité), de rejeter le bourgeon placé à côté de la coupe pour se rapprocher plus tard sur un inférieur, pour certaines branches de charpente, et principalement pour le *pêcher*.

Respiration. — Au fur et à mesure que les feuilles et les bourgeons grandissent, l'arbre consomme beaucoup de sève soit pour la formation de sa charpente, soit pour nourrir ses fruits, soit encore par l'humidité qu'il perd chaque jour par ses feuilles; il s'en suit que la sève des racines qui a contribué à la formation de tous ces produits serait bientôt dépensée, si la nature n'avait doué les feuilles d'une grande puissance d'absorption en leur donnant la respiration qui s'effectue pendant la nuit par les *pores de la face inférieure*.

Nous savons que les feuilles s'approprient dans l'atmosphère des principes qui sont accumulés dans leurs cellules, et qui, comme nous le verrons bientôt, contribuent à donner aux productions ce qu'elles ont besoin pour leur constitution.

De son côté, la sève ascendante, lorsqu'elle a séjourné dans les feuilles, y subit là certaines modifications qui la rendent propre à la formation de nouveaux organes.

Transpiration (Exhalation). — La transpiration se fait principalement pendant le jour sous l'influence de la lumière.

La sève, aussitôt introduite dans les cellules de la feuille, reçoit le contact de l'air et se purifie ; son excès d'humidité rejeté au dehors par les pores de la surface, elle devient moins liquide ; le gaz acide carbonique se décompose, le gaz oxygène est reversé dans l'air, et le carbone s'assimile aux tissus.

De là, la nécessité de planter beaucoup d'arbres dans les endroits malsains. Les plantes absorbent ce que l'homme rejette et ce qu'il contient d'impur en lui-même, l'azote. Les végétaux par leurs feuilles rendent à l'air ce qui pour nos poumons est si salutaire (l'oxygène).

Le rôle que produisent les feuilles relativement à la sève est analogue aux poumons relativement à notre sang ; celui-ci, après avoir parcouru nos veines pendant un certain temps, revient dans nos poumons pour se vivifier par le contact de l'air.

De même, la sève vient dans les feuilles pour se purifier, rejeter ses principes aqueux et produire ensuite de nouveaux organes.

Quelle route suit cette sève lorsqu'elle est ainsi préparée ?

De savants physiologistes ont adopté le système descendant par les vaisseaux du liber, d'autres le rejettent. Je ne me trouve pas assez compétent pour combattre ce système ; car dans ces questions, les ténèbres sont si épaisses qu'il vaut mieux suivre pour nous ce qui nous paraît si clair et si logique.

Or, la sève descendante ou cambium passe des cellules de la feuille dans les nervures de celle-ci, pénètre dans le pétiole, laisse au profit de l'œil qui est à son aisselle quelques principes nutritifs, descend dans les vaisseaux du liber et y détermine une couche très mince de ce tissu ; une autre portion de cette sève s'extravase par les pores du liber, formant ainsi une secrétion qui se lie étroitement aux vaisseaux d'aubier précédemment formé, et cela, par petites lignes ou filets presque imperceptibles qui ont pour point de départ un bouton, et qui se prolongent ainsi indéfiniment de haut en bas jusqu'aux extrémités des racines.

Toutes choses a ses conséquences : je viens de dire que ces filets ligneux partent de la base d'un œil ou d'un bouton ; or, le bouton est le germe d'un bourgeon, d'une branche, qui plus tard peut devenir plus vigoureuse ; de là, des filets ligneux et une plus grande déviation de la rondeur de la tige.

D'après ces principes, comme nous le verrons plus loin en traitant de l'élagage, nous verrons, dis-je, qu'il est très imprudent de supprimer de fortes branches d'une seule fois ou d'ébourgeonner une grande masse de bourgeons dans un seul instant, parce que les filets descendants, étant en formation par le grand nombre d'organes ou de parties vertes qui les ont produits, se trouvent tout à coup privés d'alimentation, se désorganisent et se dessèchent quelquefois même, si surtout les coupes sont faites du côté du soleil et qu'il survienne pendant l'été qui suit l'opération une journée tropicale ; le soleil, frappant directement sur le tronc, entraîne l'écorce et le jeune aubier à la mort.

Je connais toute une avenue de marronniers qui a subi ces conséquences, c'est pourquoi, dans le chapitre de l'élagage, je m'efforcerai de démontrer l'inconvénient d'un tel procédé.

DEUXIÈME PARTIE

DU JARDIN FRUITIER

On donne ce nom à une certaine étendue de terrain qui doit être planté d'arbres fruitiers à des distances plus ou moins rapprochées, selon les formes à donner à ces arbres.

Le jardin fruitier peut se diviser en deux parties :

1° Le jardin fruitier proprement dit, qui n'est composé que de lignes fruitières parfaitement en harmonie entre elles ;

2° Le jardin fruitier potager, qui est généralement le plus répandu en Anjou.

Nous allons nous occuper d'abord du jardin fruitier proprement dit.

Du Jardin Fruitier proprement dit

Le jardin fruitier doit former un parallélogramme rectangulaire, c'est-à-dire, plus long que large.

En effet, il est essentiel que le jardin fruitier soit plus long que large afin de pouvoir réunir sur les murs de la plus grande étendue les arbres qui sont les plus délicats, c'est-à-dire, le pêcher et certaines variétés de poires qui demandent l'exposition du levant ou du couchant (espèces décrites plus loin), ce qui permettra au lecteur de planter avec certitude de réussite.

Pour obtenir ce résultat, il faut établir les grands murs du nord au sud, afin d'avoir l'exposition du levant et du couchant et aussi pour que les angles formés par les murs soient aux quatre points cardinaux. On aurait ainsi :

Pour le mur du Levant, l'exposition du sud-est ;

Pour le mur du Midi, l'exposition du sud-ouest, qui est moins chaude que le plein midi ;

Pour le mur du Couchant, l'exposition du nord-ouest ;

Enfin pour le mur du Nord, l'exposition du nord-est, qui permet à ce dernier de voir le soleil, l'été, pendant quelques heures le matin.

Il ressort de ce que je viens de dire que les murs généralement reconnus pour être les moins propices sont les murs de l'exposition du nord et du plein midi ; le nord est employé pour les poires d'été et le midi pour la vigne, et, à la rigueur, pour le pêcher. Nous reviendrons sur ce sujet.

Exposition à donner au Jardin Fruitier. — Je ne saurais trop recommander de donner au jardin fruitier l'exposition du levant ou du midi, avec une légère pente pour faciliter l'écoulement des eaux, surtout dans les sous-sols argileux.

On voit cependant des jardins exposés au couchant ; mais il arrive souvent qu'au printemps les vents de l'ouest sont pernicieux pour les fleurs au moment de leur épanouissement.

Cependant, cette exposition sera employée avec avantage si le sol du jardin est très sec.

Nature du Sol. — Quant à la nature du sol, il est incontestable que, pour avoir une bonne végétation, il faut qu'il contienne une certaine quantité d'argile alliée à une certaine partie de sable et d'humus.

L'argile compact a le défaut de retenir l'eau aux racines pendant l'hiver et d'empêcher celle-ci de s'écouler librement dans le sous-sol. Les fruits deviennent, il est vrai, très volumineux, mais, par contre, sont de mauvaise qualité par suite de la trop grande abondance d'eau répandue dans leurs cellules; ils ont, par cette raison, l'inconvénient de ne pas se conserver.

Lorsque l'emplacement du jardin a été déterminé, le premier travail à faire est de construire des murs d'une hauteur de 2ᵐ70 à 3 mètres.

Il est essentiel que les murs soient construits avant de faire aucun terrassement dans le jardin; car, malgré les meilleures recommandations, on ne peut empêcher les ouvriers de fouler le sol, et s'il a été défoncé avant de faire la maçonnerie, on sera obligé de recommencer ce travail.

Des Amendements. — Le mot amendement (en culture) veut dire donner au sol certaines matières qui le rendent d'une consistance moyenne, ni trop léger, ni trop compacte.

Des sols légers. — Les sols secs sont peu favorables pour les arbres fruitiers en général. On remédiera à cela en mettant sur les lignes de plantation une couche d'argile non compacte de 0ᵐ20 à 0ᵐ30.

On mélange le tout ensemble en défonçant, et on extrait du sous-sol la même quantité de terre qui a été additionnée sur la surface. Cette extraction ne peut se faire que dans des lignes de pourtour ou isolées.

Dans le jardin potager, par exemple, il faut que les plates-bandes de plantation soient à quelque chose près à la hauteur des carrés.

Mais dans le jardin fruitier, il serait complètement inutile d'extraire le sous-sol; ce travail nécessiterait des frais considérables.

Sols compacts. — Lorsque les sols sont compacts, on répand sur le sol des matières sèches, des débris de démolition, des plâtres, des calcaires, de façon à diviser l'argile en permettant ainsi aux racines et à l'eau leur libre circulation.

Du défoncement et de la profondeur du sol selon sa nature.

Avant de faire le défoncement proprement dit, il est urgent de niveler grossièrement le sol, et, s'il existe des cavités, de les combler, afin que les ouvriers employés au terrassement soient toujours bien guidés pour suivre la profondeur donnée.

Il faut alors aussi distribuer les engrais et les amendements nécessaires.

Le défoncement a pour but de rendre la terre perméable à l'air et de permettre aux racines de s'y développer, et, en outre, de faciliter l'introduction des eaux. Il s'en suit que nous devons connaître le sol, c'est-à-dire sa nature, s'il est argileux ou sec.

Sols argileux et légers. — Les terrains qui contiennent de l'argile plus moins ou compacte gardent naturellement, pendant l'été, un certain degré d'humidité très favorable pour le volume des fruits. Si l'argile compacte se trouve à 0^m70 de profondeur, l'excès d'humidité du sous-sol remonte vers la surface et contribue à donner au sol arable, s'il est sec, une certaine quantité d'eau dont les racines ont tant besoin pendant les grandes chaleurs.

Nous remarquons aussi que là où le sous-sol et le sol arable sont d'une argile compacte, les racines se développent difficilement et ont toujours une tendance à s'éloigner de cette nappe d'eau surabondante qui leur est si pernicieuse.

Dans ces terrains, il faut un défoncement moins profond. on peut donc en conclure : Que plus un sol sera sec et pierrieux, plus cette opération devra être faite profondément ; car, si les sols secs sont très peu remués, l'humidité ne s'y conserve pas, etc.

Du défoncement par tranchées ou en général. — Pour le jardin fruitier proprement dit, il est nécessaire de défoncer en grand (en totalité).

Pour le jardin fruitier-potager, l'opération est la même ; cependant, s'il fallait apporter des amendements pour les lignes fruitières, on défoncerait celles-ci dans de bonnes proportions, l'intérieur des carrés le serait à une profondeur relative à la qualité du sol ; on ne perdrait pourtant pas son temps en n'économisant pas la main-d'œuvre, car la culture potagère demande bien elle aussi un terrain bien perméable.

Engrais Divers

Lorsque l'on est pour entreprendre le travail dont je viens de parler, il est essentiel, en dehors des amendements, de répandre sur le sol des engrais qui permettront au début de la végétation de contribuer à la reprise de l'arbre, et qui fourniront plus tard, à mesure que les arbres s'avanceront en âge, des sucs nourriciers d'autant plus actifs que leurs forces viendraient à les abandonner par suite d'un épuisement prématuré, provoqué, soit par la trop grande abondance des fruits ou par des accidents dont tous les êtres vivants sont susceptibles d'être atteints.

Pour arriver à ce but, on emploie les engrais à décomposition rapide et à décomposition lente.

Ceux à décomposition rapide sont : les fumiers de cheval et de mouton pour les terrains froids ou argileux, les fumiers de vache pour les sols secs légers ; on les mettra à une profondeur de 0m25 ou 0m30 au-dessous du point radiculaire des racines.

Les engrais à décomposition lente sont : les chiffons de laine et de coton, la bourre et les os. On doit les employer en assez grande quantité et les répandre à des profondeurs différentes dans les parties défoncées, afin que les racines trouvent toujours constamment de nouveaux sucs pour soutenir la vigueur de l'arbre.

Les chiffons de laine sont préférables à ceux de coton, parce qu'ils proviennent de débris d'animaux.

Lorsque le jardin fruitier est défoncé, il est essentiel de le tracer et de donner aux allées une largeur en rapport à son étendue.

En supposant un hectare de superficie, le jardin devra avoir ses plates-bandes de pourtour des murs, d'une largeur de 3 mètres environ et une allée de pourtour également de 2^m50 environ de largeur, enfin deux allées intérieures se croisant et formant une croix.

Il faudra ensuite tracer les lignes de plantation de telle sorte, que celles qui seront destinées à former des pyramides soient distantes les unes des autres de 3 mètres environ.

On établira un carré pour contre-espalier; les lignes seront distantes les unes des autres de 2^m50 environ.

Un autre carré pour les pommiers (Normandie); ils pourront être à double cordons superposés ou en gobelets.

Enfin une ou deux lignes de groseilliers à grappes et épineux.

Les cassis seront encore mis à part, car il n'y a rien d'ennuyeux comme d'avoir ces arbrisseaux parmi les autres arbres.

Dans le Jardin Potager

Dans le jardin potager, les lignes d'arbres sont à 1 mètre du bord des allées; celles-ci sont plantées de telle sorte que les arbres s'alignent sur toutes les faces.

On choisira d'abord pour former des pyramides des espèces fertiles qui se développent le plus perpendiculairement possible.

On placera sur une même ligne ou sur deux lignes d'une même allée les variétés de même vigueur, afin que plus tard l'aspect de ces lignes ne soit pas choquant par suite de l'inégalité des dimensions des arbres.

Remarque. — Dans le jardin potager, on pourrait planter

les arbres de l'intérieur du jardin pour pyramides à 3^m50 les uns des autres.

Je conseillerai les contre-espaliers, parce que la culture en est plus commode et plus gracieuse, surtout si l'installation des points d'appui n'est pas trop économisée.

Si le jardin fruitier ou le jardin potager retient un certain degré d'humidité, il sera nécessaire d'employer les drainages.

Les drainages sont établis dans les chemins ou allées du jardin, et même dans l'intérieur des carrés, si besoin est.

Ils se composent de tranchées de 0^m80 à 1^m30 de profondeur. Plus le sol est humide, plus ces drainages doivent être profonds.

Leur largeur à la base peut varier de 0^m30 à 0^m40, et un peu plus large à l'orifice, soit de 0^m50 à 0^m60.

Ils sont garnis de pierres de petit volume, mais cependant pas assez petites pour qu'elles se relient les unes aux autres, empêchant ainsi le libre passage des eaux (une légère pente est nécessaire).

Ce système est préférable aux tuyaux de terre cuite qui ont le désavantage de se briser et d'interrompre ainsi le courant de l'eau, de sorte que l'on a beaucoup de peine à trouver l'endroit brisé.

DE LA GREFFE

La greffe est une partie vivante d'un végétal unie à un autre végétal de même nature, elle se lie avec lui pour ne former qu'un seul et même individu. Elle a pour but de remplacer le tronc ou les branches d'un autre végétal; on a ainsi l'avantage de pouvoir multiplier des sujets en quantité, selon l'espèce qui convient.

On distingue pour les arbres fruitiers plusieurs sortes de greffes :

Les greffes en fente ;
Les greffes en couronne ;
Les greffes en écussons ;
Les greffes en approche.

Les principales greffes en fente sont :

La greffe en fente simple ou Atticus ;
La greffe en fente double ;
La greffe en fente bertemboise ;
La greffe anglaise (dite pied de biche).

Les instruments nécessaires pour pratiquer la greffe sont : l'égoïne ou scie à main, la serpette et le greffoir, un petit maillet en bois pour frapper sur la serpette et fendre le sujet ; on a, en outre, un petit coin en bois dur ou en acier avec manche horizontal ; en appuyant légèrement sur ce dernier lorsque le coin est incastré dans la coupe, on en écarte les bords pour pouvoir appliquer avec facilité le greffon.

Greffe en fente simple. — Cette greffe est la plus commune ; pour l'opérer, on se sert de l'égoïne ou de la serpette pour couper la production qui doit être greffée, et la coupe doit être faite horizontalement ; si celle-ci est faite à l'égoïne, on doit ensuite la parer avec la serpette.

On applique ce dernier instrument sur cette partie et vers le milieu du diamètre, on le fait pénétrer comme je l'ai dit plus haut, avec l'aide d'un petit maillet, on place son petit coin et on se prépare à tailler sa greffe (rameau).

On procède ainsi : on prend son rameau dans tout son entier, on l'applique sur la paume de la main, et avec la serpette ou le greffoir on taille sa greffe en forme de coin, de manière qu'elle soit plus large sur une face que sur l'autre. La longueur de cette greffe varie un peu, selon la grosseur des rameaux ; mais, lorsque ceux-ci sont forts et vigoureux, on ne doit pas hésiter à laisser à la partie ainsi entaillée 0ᵐ06 environ. Il faut laisser au greffon trois boutons.

Ceci fait, on introduit la greffe sur l'un des côtés avec l'aide du coin et on la rend à demeure facilement ; elle ne doit pas être placée verticalement, mais plutôt légèrement inclinée, de manière que le sommet rentre un peu intérieurement et que la base ressorte extérieurement au niveau de l'écorce du sujet ; par ce moyen, on est sûr de rencontrer le passage séveux. Il va sans dire que le côté moins large de la greffe est placé intérieurement.

Ligature. — Les greffes une fois faites ont besoin d'une ligature qui empêche l'écartement des bords de la partie greffée, c'est un point essentiel ; car, au printemps, il pourrait bien arriver que la greffe ne s'adaptât plus sur les côtés de la partie greffée, la réussite serait alors incertaine. On se sert pour ligaturer d'osiers fendus, etc.

Mastic. — Le mastic que l'on emploie pour recouvrir les plaies est appliqué dans le but d'empêcher le contact de l'air et l'écoulement des eaux qui porteraient un grand préjudice aux greffes. On a le soin de couvrir de mastic le sommet du greffon, afin qu'il n'y ait pas de dessèchement.

Greffe en fente double. — Elle ne diffère de la précédente que sur un point, au lieu d'une greffe, on en met deux, une de chaque côté.

Greffe en fente bertemboise. — Cette greffe diffère de la greffe en fente simple par un biseau fait à la tête du sujet ou de la branche à greffer. La greffe est placée au sommet du biseau, on l'emploie pour les petites branches ; elle a l'avantage de se cicatriser facilement.

Greffe en fente anglaise. — Cette greffe s'effectue de la manière suivante : couper la tête du sujet en biseau très allongé, environ 0^m05 à 0^m06, faire une fente de haut en bas vers le milieu de la longueur de la plaie, en faire autant sur le greffon, mais en sens inverse, incastrer l'une dans l'autre les deux esquilles, les adapter parfaitement d'un côté, si la greffe est plus petite que la partie à greffer, lier et mastiquer.

Cette greffe est très solide et une des meilleures, surtout pour les branches moyennes; on l'emploie beaucoup dans les pépinières pour greffer les pommiers nains.

Remarque. — Pour les arbres à fruits à noyaux, tels que les cerisiers, on pourra les greffer en fente vers la deuxième quinzaine de septembre, avec certitude de réussite. Le printemps est une mauvaise époque pour la greffe de cet arbre, les vents desséchants de cette saison y portent un grand préjudice et la gomme atteint souvent les jeunes greffes. A l'automne, il n'y a pas cet inconvénient, la sève n'est plus si abondante; il en reste cependant assez aux sujets pour souder la greffe, qui est ainsi nourrie tout l'hiver par l'eau séveuse renfermée dans les tissus de l'arbre.

Greffe par rameaux en couronne. — La greffe en couronne s'emploie pour les gros troncs ou grosses branches. On opère ainsi :

On coupe horizontalement la branche ou les branches à greffer sur un point le plus convenable possible, exempt de nœuds, on pare les bords de la plaie avec la serpette. Avec la pointe de celle-ci, on fend verticalement l'écorce sur une longueur de 0^m06 à 0^m07, on taille sa greffe en bec de flûte, au sommet de cette plaie on forme une espèce de cran ou coche qui vient s'adapter à la partie supérieure de la coupe du sujet. Avec la spatule du greffoir, on décole l'un des côtés de l'écorce sur l'un des bords de l'incision, on glisse la greffe sous cette écorce décolée, de telle manière que l'un des côtés de la greffe vienne s'appuyer sur le côté de l'écorce qui n'a pas été séparé de l'aubier. On lie et on mastique.

On peut mettre tout autour d'une branche un peu grosse, autant de greffes que sa circonférence le permet. Cette greffe se fait au printemps, deuxième quinzaine de mars, car il faut pouvoir détacher les écorces.

Greffe par boutons ou en écussons. — Pour pratiquer cette greffe, on se sert du greffoir. Il y a deux sortes de greffes en écussons :

1° La greffe à œil poussant.
2° La greffe à œil dormant.

Greffe à œil poussant. — Elle se fait au mois de juin. On choisit un bourgeon dont les yeux sont assez bien constitués, on supprime leurs feuilles, en y laissant une petite portion de leur pétiole. On détache chacun de ces yeux avec le greffoir, en ayant le soin d'enlever une petite couche très mince d'aubier ; on nettoie ensuite son écusson, en ne laissant au-dessous de l'œil qu'un peu de jeune bois, afin qu'il ne soit pas creusé ; puis, avec le greffoir, on pratique deux incisions, l'une transversale et l'autre longitudinale formant ensemble un **T** ; et avec la spatule de cet instrument, on entr'ouvre les écorces en la faisant mouvoir à droite et à gauche. Dans cette ouverture, on y glisse l'écusson à l'aide du pétiole sur lequel on fait légère pression de haut en bas.

On ligature l'écusson soit avec de la laine ou du coton, afin de resserrer les écorces. Il faut avoir soin de vérifier ces ligatures ; car le grossissement des productions pourraient bien occasionner un étranglement. On emploie cette sorte de greffe pour les rosiers.

Greffe à œil dormant. — Cette greffe se fait généralement vers le mois d'août, de la même manière que la précédente. Certaines espèces à boutons saillants sont plus difficiles à détacher de leurs rameaux, on y porte donc toute l'attention possible ; ce qu'il faut éviter aussi, c'est de ne pas lever trop court les boutons pour les écussons, car ils ne sont jamais aussi vigoureux que ceux qui ont une longueur raisonnable. Nous verrons plus loin, dans le chapitre suivant, quels sont les meilleurs boutons à employer pour la greffe en écussons.

Greffe en écusson de côté Girardin. — Cette greffe s'effectue comme la greffe en écusson ordinaire, avec cette différence que la production qui sert de greffe est un rameau à fruit ou lambourde. On le détache du rameau en y laissant toutefois un peu plus d'aubier sous l'œil même.

On place ces productions fruitières sur des arbres stériles, ou sur des vides qu'une taille trop longue a déterminés ; on a ainsi l'avantage de placer des productions fruitières où l'on veut, et on peut obtenir d'elles des fruits au printemps suivant.

Greffe de côté Richard. — Cette greffe se fait la deuxième quinzaine de mars ; elle a pour but de remplacer une branche perdue ou de combler un vide. On prend pour cela un rameau légèrement arqué, on enlève du côté le plus accentué une certaine portion de bois et sur une longueur de 0^m05 environ ; de même que pour l'écusson, deux incisions sont nécessaires, une transversale et l'autre longitudinale, on glisse la greffe entre les deux écorces, on lie et on mastic.

On aura le soin avant de poser la greffe de faire au-dessus du point où elle doit être appliquée une forte entaille en U renversé.

Greffe en approche. — Les greffes en approche diffèrent essentiellement des précédentes, car, dans ces dernières, les greffes sont complètement détachées de l'arbre qui leur a donné naissance ; tandis que dans les *greffes par approche,* celles-ci tiennent au sujet qui leur fournit chaque jour les sucs dont elles ont besoin pour bien se développer et se souder à la partie de l'arbre sur lequel elles sont apposées.

On distingue trois sortes de greffes en approche :

La greffe en approche herbacée;
La greffe en approche proprement dite ou d'hiver.
La greffe en approche anglaise.

Greffe en approche herbacée. — Cette greffe se fait au mois de juin. Voici le mode de procéder et d'emploi.

Lorsque des vides existent parmi les productions fruitières du pêcher ou du poirier, ou qu'une branche de charpente fait défaut pour la régularité de l'arbre, dans l'un de ces endroits dénudés, on pratique deux incisions transversales d'un centimètre de longueur et distantes l'une de l'autre de 0^m06 environ, puis deux autres incisions longitudinales parallèles dont l'écartement varie selon le diamètre du bourgeon à approcher.

Avec la spatule du greffoir, on enlève la lanière d'écorce qui se détache alors facilement. Le bourgeon à approcher est choisi dans les environs et doit être tel qu'il puisse aisément s'appliquer. Il subit lui aussi une entaille dans sa partie inférieure, de 0^m06 à 0^m07, et son épaisseur varie selon son diamètre; car il faut qu'une fois placé dans l'incision pratiquée sur le vide ou le sujet, que l'écorce de la greffe fasse une partie bien unie avec celle de la partie approchée.

Ligature. — Pour ligaturer ces sortes de greffes, j'emploie ordinairement quelques petites lanières de bouchons de liège coupées transversalement et d'une épaisseur de quelques millièmes. Je les place sur toute l'étendue de la greffe, puis avec de la ficelle de cuisine, je ligature sur ces fractions de liège en serrant un tant soit peu. Par ce moyen, les ligatures ne se délient pas et l'étranglement n'est pas possible.

Lorsque ces greffes sont soudées, et cela arrive toujours vers le mois d'août, on n'a plus qu'à les sevrer, c'est-à-dire les couper du rameau qui les a produites. Ce sevrage se fait, pour le pêcher, ordinairement au mois de septembre; la coupe qui est ainsi faite peut se cicatriser avant les froids, et on n'a pas à craindre la gomme. Il faut éviter de *pincer les bourgeons approchés*, du moins pendant le premier mois qui suit cette opération, ceci contribuerait à fatiguer les productions approchées.

Cette greffe, ainsi que ce moyen de ligaturer, est infaillible pour souder les bourgeons dans les cordons de poiriers et de pommiers.

Greffe en approche d'hiver. — Cette greffe diffère de la précédente dans ce sens que le rameau à approcher est ligneux et que les incisions ne sont nullement semblables.

Cette greffe s'opère avec un petit instrument nommé *gouge*, formé de deux petites lames en acier, d'une longueur de 0^m08 environ et 0^m02 de hauteur, réunies ensemble vers la base et formant entre elles aux deux extrémités un biseau en sens inverse, dont la base est dirigée vers le centre. Les deux surfaces supérieures de ces deux lames sont parallèles et ont 0^m012 d'écartement environ, formant ainsi un petit fossé. Un manche est adapté dans une sorte de petit crochet en fer, dont la base est soudée dans le centre intérieur de la gouge. Cette poignée, comparée à l'instrument, dévie un peu de la ligne horizontale.

Avec ce petit outil, on enlève sur le sujet ou sur la branche qui doit être greffée, une certaine portion d'écorce et de bois, formant ainsi une petite rigole plus ou moins profonde, dont les bords seront plus ou moins écartés, selon la grosseur du rameau qui doit y être appliqué.

Pour le rameau à approcher, on peut également se servir de son instrument pour l'entailler, en ayant toutefois le soin de le tourner sur lui-même, et de se servir du biseau opposé.

La greffe, ainsi préparée, est incastrée dans l'incision du sujet. On a le soin de lier, de mastiquer et de laisser plus de boutons que moins au rameau qui sert d'approche.

Greffe en approche anglaise. — Cette greffe ne diffère de la greffe anglaise ordinaire qu'en ce sens, que le rameau qui sert pour greffer n'est pas détaché de sa mère. Elle consiste donc à enlever une certaine portion d'écorce et d'aubier sur le sujet et le rameau, sur une longueur de 0^m06 environ, et à faire deux fentes vers leur milieu en sens inverse, formant ainsi deux agrafes. On introduit ces parties l'une dans l'autre, de telle manière queles écorces se joignent ensemble, surtout d'un côté; puis on lie et on mastique.

Remarque. — Ces sortes de greffes demandent une année à faire leur soudure complète; il ne faut pas les sevrer d'un seul coup, mais seulement partiellement.

ÉDUCATION DES ARBRES FRUITIERS ET DE LEUR ESSENCE

DU SOL QUI LEUR CONVIENT

Du Poirier

Les poiriers se greffent sur cognassier et sur franc, et en dernier ressort sur aubépine. Cette dernière essence ne convient que pour les sols excessivement arides, où le cognassier et le franc n'y donnent que des sujets nuls.

Du cognassier. — Le cognassier est moins vigoureux que le franc; il se plaît dans les terrains substantiels et frais, et redoute également les sols argileux trop compacts.

Le poirier greffé sur cette essence donne de beaux et bons fruits. Il est en général d'une vigueur moyenne.

On le greffe en écusson au mois d'août (1re quinzaine).

Un certain nombre de nos bonnes variétés de poires n'étant pas vigoureuses par elles-mêmes, quelques cultivateurs greffent sur ce sujet des variétés très vigoureuses, telles que le Beurré d'Amandis, la figue d'Alençon, De Curé, et regreffent, un an après, sur ces jeunes scions les espèces suivantes, qui, greffées sur franc, ne produisent pas toujours de bons fruits ou se développent avec difficulté : Beurré Perrault, Doyenné Perrault, Doyenné d'hiver, Beurré Clairgeau, Saint-Louis, etc.

Du franc. — Le franc venu de semis est très vigoureux et se plaît dans les terrains secs; pour ceux de mauvaise qualité, il préfère un sol profond, quoique pierreux, parce que ses racines prennent toujours une direction verticale.

On l'emploiera donc comme sujet pour les terrains médiocres ou de qualité douteuse, sol plutôt sec qu'humide et pour les arbres de *haut vent*.

Les fruits seront moins gros et moins bons; cependant, avec l'âge, les principes séveux se modifient; d'ailleurs, ce n'est qu'un certain nombre d'années après la plantation que l'on peut espérer de ces arbres leur mise à fruits.

On greffe le poirier franc en écusson, au commencement d'août, quelquefois plus tard, selon le degré de végétation.

On le greffe également en fente, vers le mois de mars.

Du Pommier

Le pommier se greffe sur franc, sur doucin et sur paradis.

Le pommier franc vient de pépins; il est très vigoureux et convient pour les arbres de haut-vent. On le greffe en pied ou en tête pour les vergers.

Je dis en pied ou en tête, parce que le commerce livre des *sauvageons* greffés en pied avec *espèces à cidre* excesssivement vigoureuses, s'élevant à une hauteur de 2^m30 en deux ou trois ans.

Ces arbres sont livrés ainsi au commerce pour produire du cidre ou pour être regreffés sur place et en tête, et cela après deux ou trois ans de plantation. On peut greffer sur ces arbres des espèces à couteau ou d'autres espèces à cidre usuelles dans le pays, principes excellents pour avoir des arbres d'une belle venue, usage qui s'emploie d'ailleurs de préférence dans la Bretagne et la Normandie.

Loin de blâmer ce procédé, je l'appuie de toutes mes forces : car, à mon point de vue, certaines variétés de pommes ne viennent bien que dans telle ou telle région.

Il serait à souhaiter que tous les cultivateurs qui s'occupent de la pomme prennent exemple sur leurs collègues du Calvados pour les soins à donner à leurs arbres et le choix de leurs variétés.

Il serait bon aussi de tâcher de faire disparaître le mode de plantation faite sur le sommet des *talus de fossés*, emplacement le *mieux choisi* pour avoir des arbres rachitiques, caducs, remplis de chancres; ces malheureux sujets sont condamnés d'avance à faire des nains et à donner des produits défectueux.

On ne peut s'empêcher de faire un mouvement de corps, en voyant ces petites fosses ouvertes pour recevoir des arbres, qui pourraient être appelés à formés des têtes de cinq à six mètres de diamètre.

On objectera à cela que, si les lignes de pommiers étaient plantées plus dans le champ, elles nuiraient à la grande culture.

D'accord, mais pourquoi ne pas choisir un champ propice à la culture du pommier, en un mot, les planter en lignes et en former un verger ?

Je ne connais qu'un moyen pour combattre cette routine; il faudrait que les propriétaires vinssent en aide aux fermiers, là où il serait reconnu que le pommier peut prospérer ; par ce moyen, tout le monde se trouverait bien de cette mesure.

Du doucin. — Le doucin est une variété venue primitivement de semis. Dans les pépinières, on le multiplie par le buttage et le marcottage; il est moins vigoureux que le *franc*.

On l'emploie comme sujet pour les pommiers qui doivent prendre leur place dans le jardin fruitier, pour former des vases ou gobelets de grandes dimensions.

Pour les cordons horizontaux, on emploie le doucin dans les terrains secs et de mauvaise qualité, planté à une distance de 2 à 3 mètres.

Pour obtenir des sujets greffés de cet arbre, on plante en pépinières des boutures ou des marcottes d'une année et plantées à de petites distances.

Au mois d'août suivant, ils sont en état de supporter la greffe en écusson, et si, au printemps suivant, il y a quelques sujets non réussis, on les regreffera par la greffe en pied de biche.

En pépinière, cette dernière greffe est généralement très usitée, même pour greffer un carré.

Du paradis (comme sujet). — Le sujet paradis est beaucoup moins vigoureux que le doucin ; on l'obtient de boutures et de marcottes, comme le doucin ; il convient pour les terrains riches et substantiels, il n'est pas vigoureux et donne des fruits d'une grosseur extra, relativement aux variétés.

On le plante dans les bons sols, au maximum à 2ᵐ50, et autrement de 1ᵐ50 à 2 mètres.

Il se greffe au mois d'août, selon l'état de végétation des sujets à greffer.

Du Pêcher

Le pêcher se greffe sur lui-même (pêcher franc), sur amandier et sur prunier.

Du pêcher franc. — Pour l'obtenir, on se procure des noyaux que l'on met à stratifier dans un endroit frais, mais exempt d'humidité.

On choisit pour cela une cave ou un autre lieu.

On se procure du sable légèrement humide, on établit

d'abord une couche de sable, puis on fait un lit de noyaux lequel est recouvert de sable d'une quinzaine de centimètres d'épaisseur, on continue ainsi jusqu'à extinction.

Cette opération se fait en décembre ou janvier. Vers le mois de mars, lorsque leur lieu d'emplacement dans la pépinière est bien préparé pour les recevoir, on les plante à demeure.

On aura le soin toutefois, de pincer, c'est-à-dire couper l'extrémité de la radicule, afin de provoquer le développement de racines nouvelles.

Le pêcher venu de semis est employé comme sujet; il préfère les terrains secs et peu profonds; il se défend parfaitement de la sécheresse, ses racines sont traçantes et pénètrent dans les fissures des rocs qui sont plus ou moins superficiels.

Il se greffe en écusson à la fin d'août sur des sujets plantés l'hiver précédent; le greffer plus tôt, ce serait s'exposer à une non-réussite, parce qu'il végète tardivement.

De l'Amandier

De même que pour le pêcher, on fera stratifier les amandes (il faut employer celles à coque dure).

Cet arbre croît de préférence dans les terrains secs, pierreux et profonds, ne redoutant pas les parties calcaires lorsqu'elles ne dominent pas.

Comme sujet, on le préférera pour les sols analogues à ceux que je viens de décrire.

On le greffe en écusson, fin août, première huitaine de septembre, et si, l'automne est pluvieux, dans la première quinzaine.

On le greffe aussi en fente, mais de très bonne heure, parce qu'il se développe dès le mois de février. On le greffera fin janvier, au plus tard première quinzaine de février.

L'amandier, pour former des tiges ou des basses tiges, se

greffe sur lui-même et sur prunier ; sur ce dernier sujet pour les sols argileux, et sur franc pour les sols secs.

Du Prunier

Le pêcher greffé sur prunier aime les terrains silicéo-argileux (terre à blé) un peu frais, mais exempts d'une humidité surabondante.

Il y a plusieurs sortes de pruniers sur lesquels on greffe ordinairement le pêcher, ce sont :

Le petit Damas ou petit noir ;

Le myrobolan de semis ;

Le mirobolan blanc (de bouture) ;

Le prunier Saint-Julien de Toulouse.

Du petit Damas. — Le petit Damas est d'une vigueur moyenne ; le pêcher greffé sur lui et planté dans un sol riche se développe parfaitement et est généralement exempt d'une végétation trop fougueuse ; on l'emploiera donc de préférence pour ces sols.

Il se greffe en écusson fin juillet et première quinzaine d'août.

Il a un grave inconvénient pour le pépiniériste, c'est qu'il perd sa sève de bonne heure ; on est alors obligé de le greffer et de prendre des rameaux dont les boutons ne sont pas assez mûrs ; de là le vide qui existe quelquefois dans les rangs greffés.

Du myrobolan de semis. — Le myrobolan de semis est de tous les pruniers le plus mauvais sujet pour la greffe du pêcher ; toutes les variétés de pêcher sont loin de bien végéter lorsqu'elles sont greffées sur lui, les sujets perdent souvent leurs feuilles avant le temps, l'épiderme est rouge-sang, l'intérieur du bois est jaune-souci, le canal médullaire est taché de noir, c'est la maladie du rouge, excessivement difficile à détruire.

Elle tient à plusieurs causes bien distinctes :

1º La greffe appliquée sur des sujets défectueux ;

2º Du choix des rameaux du pêcher pour greffer et pris sur des sujets-mères atteints de rouge ;

3º Du choix des rameaux non-aoûtés.

On devra donc ne prendre pour la greffe que des rameaux bien sains, bien mûrs, rejeter autant que possible ceux qui proviennent de mères trop vieilles ou qui sont caduques.

Si on emploie le myrobolan de semis, on doit greffer sur des sujets vigoureux les espèces qui sont telles.

Du myrobolan blanc. — Le myrobolan blanc fait de bouture a l'épiderme verte, exempte d'épines sur ses rameaux. Il se multiplie comme le cognassier et est très vigoureux.

On le greffe en écusson fin août, et première huitaine de septembre, ce qui permet d'avoir des rameaux parfaitement aoûtés.

Le pêcher greffé sur ce sujet est d'une longévité remarquable. Je connais plusieurs espaliers qui ont vingt-cinq ans et qui donnent des bourgeons vigoureux de divers points inattendus.

Il redoute les terrains trop argileux ; il se plaît davantage dans les sols à blé.

Du Saint-Julien de Toulouse. — C'est un sujet vigoureux, le pêcher se développe sur lui admirablement. Beaucoup de praticiens s'en trouvent bien.

Il perd sa sève de bonne heure, un peu plus tard cependant que le damas.

On le greffe première quinzaine d'août, selon les années.

Du choix des Boutons pour la Greffe du Pêcher

Comme je viens déjà de le décrire, il est urgent pour greffer :

1° De ne prendre rien que de bons rameaux à boutons triples ;

2° Que le rameau soit parfaitement août et ayant ce signe particulier : une teinte rosée du côté du soleil ;

3° Que l'aubier lui-même ne se détache pas trop facilement du liber ;

4° En général, que le sujet lui-même soit en rapport avec la sève du rameau ;

5° Eviter de prendre des boutons vers la base et dans la partie extrême du rameau, à moins qu'elle même soit parfaitement constituée ;

6° Rejeter autant que possible les boutons simples.

Soins à donner aux sujets greffés

Pendant l'hiver qui suit la pose des écussons sur les sujets de la pépinière, il est urgent, lorsque nous touchons au milieu de novembre ou de décembre, si les écussons ne sont pas déliés, de les débarrasser de leur ligature qui pourrait donner la moisissure ou entretenir une humidité fâcheuse.

Il faut ensuite recéper, c'est-à-dire couper tous les sujets greffés à une douzaine de centimètres au-dessus de l'écusson : pour le cognassier, par exemple, des rameaux en faire des boutures, en conservant autant que possible un petit talon que l'on obtient en décolant chaque rameau de son onglet et laisser à chaque bouture une longueur de 0^m40 à 0^m45 environ.

Ebourgeonnement. — Au printemps suivant, un nombre assez considérable de bourgeons se développent sur chaque sujet; il est essentiel de faciliter le libre développement de chaque écusson à l'état de bourgeon.

Pour cela, on supprime tous les bourgeons du sujet placés au-dessous de l'écusson, ceux qui sont au-dessus sont également supprimés, à l'exception des deux ou trois les plus élevés qui sont pincés très courts afin d'entretenir la vie dans l'onglet, et une deuxième fois, s'il y a lieu.

Il est essentiel, en effet, de ne pas supprimer totalement les bourgeons sur l'onglet, afin d'appeler la sève au profit de l'écusson; on empêche ainsi le dessèchement, qui ne manque pas de se faire sentir, si on met à nu cette partie du sujet.

De l'accolage ou attachage. — Les écussons, après l'ébourgeonnement, se développent avec facilité; il faut, avec du jonc ou des peaux d'osiers (trempées dans l'eau) les attacher, sur l'onglet qui alors sert de tuteur, et bien près de la base ainsi que vers le sommet, afin de maintenir l'écusson parfaitement droit et éviter ainsi le décollage.

Du pincement. — Dans les pépinières, on a l'habitude, lorsque les jeunes écussons ont atteint une élévation de 0^{m}30 à 0^{m}40, de leur retrancher le sommet afin de provoquer le développement des boutons latéraux, ce qui rend l'arbre plus ramifié pour la vente.

Formation des hautes tiges de Poiriers
dans la pépinière

Lorsque l'on veut former des hautes tiges de poiriers dans la pépinière, il faut bien se rendre compte d'avance que toutes les espèces greffées, surtout sur cognassier, ne peuvent atteindre ce but, du moins dans un laps de temps déterminé.

En effet, si on voulait faire des tiges avec le Beurré Clairgeau, Beurré Perrault et autres, on n'arriverait qu'à obtenir des arbres caducs.

On procèdera ainsi :

On plantera les sujets d'abord un peu plus loin que pour les quenouilles.

Toutes les variétés qui, par leur vigueur, peuvent en deux ou trois ans s'élever à la hauteur de former la tête, seront greffées à part pour être vendues comme telles (elles seront greffées en pied).

Les autres espèces reconnues comme non vigoureuses, et qui ne pourraient marcher de pair avec celles-ci, seront greffées sur d'autres variétés vigoureuses : ces espèces sont le Bezi d'Héry, les William, etc., que l'on peut ajouter au Beurré Clairgeau, etc.

Regreffage. — Pour arriver à ce but, on choisira des espèces d'une grande vigueur, telles que : les Beurré d'Amanlis, De Curé, Figue d'Alençon, William-Duchesse, Duc de Nemours, et éviter certaines espèces susceptibles aux chancres.

On les greffera en pied, puis deux ou trois ans après en tête, à une hauteur de 1^{m}70 environ; par ce moyen, on aura des tiges superbes.

Soins à donner aux jeunes Tiges pendant l'été qui suit leur développement

En général, les jeunes sujets qui nous occupent peuvent s'être développés à une hauteur de 0^{m}80 à 1 mètre pendant la première année.

Pendant l'hiver qui suit ce développement, si quelques sujets possèdent plusieurs ramifications, il sera bon de les crochetonner, c'est-à-dire les couper à quatre ou cinq boutons, et laisser généralement la tige intacte.

Pendant l'été qui suit, laisser pousser librement pendant un certain temps tous les bourgeons placés latéralement sur

la tige, afin de lui faire acquérir le diamètre dont elle a
besoin.

Pincer vers le 15 mai, les trois ou quatre bourgeons qui
accompagnent le terminal, afin que celui-ci puisse se développer avec force ; il va sans dire que l'on doit choisir comme
terminal celui qui, dans l'extrémité, est le plus vigoureux et
le plus droit.

Pincer tous les autres bourgeons vers le 20 juin, à une
longueur de 0^m25 à 0^m30, et à l'automne, lorsqu'ils sont à
l'état de rameaux, les crochetonner, c'est-à-dire les tailler
à une longueur de 0^m05 à 0^m06 pour maintenir la sève dans
la tige. Au beau temps suivant, chaque rameau ainsi traité
donnera quelques bourgeons, qui seront pincés eux-mêmes
assez sévèrement, et, s'il y a lieu, à l'automne suivant ils
seront supprimés.

On aura le soin, toutefois, de ne pas enlever trop d'empâtement sur la tige, ce qui nuirait à sa vigueur.

On taillera la tête à la hauteur de 1^m70 pour la faire ramifier
chez les espèces qui ont été greffées en pied.

Du choix des Arbres à planter pour le Jardin fruitier

On ne peut jamais apporter trop de soin pour le choix des
arbres à planter, et surtout pour rechercher quelle est l'essence qui convient le mieux au sol qui nous occupe.

Pour être clair, je vais diviser les arbres en deux catégo-
ries, savoir : 1° les arbres à fruits à pépins ; 2° les arbres à
fruits à noyaux. Maintenant je vais les étudier séparément.

DU POIRIER

On peut avec avantage le planter à l'âge de un ou deux ans
de greffe ; au-dessus de cet âge, les ramifications sont fortes
et lorsqu'il faudra les supprimer pour obtenir de ces arbres

les formes que nous leur demanderons, le résultat ne sera pas satisfaisant.

DU POMMIER

Les pommiers destinés à former des cordons ne devront être âgés que d'un an.

Ceux qui seront destinés à former des gobelets ou des vases pourront être âgés de deux ans au plus.

DU PÊCHER, CERISIER ET AMANDIER

Ces trois sortes d'arbres ne devront être âgées que d'un an de greffe.

DE L'ABRICOTIER

A la rigueur, les écussons de deux ans sont acceptables; mieux vaut, cependant, planter ceux d'un an.

Mise en terre

Lorsque le choix des arbres est déterminé et que l'on est prêt à planter, il s'agit d'assigner à chaque sujet la place qu'il doit occuper et tailler proprement les racines déchirées par la déplantation.

Des Distances à donner aux Arbres en Espalier, selon la forme qui doit leur être imposée

Ce qui embarrasse particulièrement le planteur lors de la plantation en espalier, c'est la distance à donner pour chaque forme. Afin d'arriver à un bon résultat, il y a un moyen très simple et qui ne trompe jamais.

Il faut savoir la distance qui doit être observée entre chaque branche (pour les formes à branches verticales), telles que Palmette-Verrier, à 5 ou 7 branches, les tridents, candélabres, etc.

Exemple. — Pour le poirier, la distance d'une branche à une autre est de 0^m30, mieux vaudrait 0^m35, car plus tard, celles-ci grossissant, l'intervalle diminue. Si on veut former des U simples ou cordons verticaux à 2 branches, on multiplie ce nombre de branches par l'intervalle à observer entre celles de chaque espèce. Ainsi, pour le poirier en U, la distance est donc 0^m35 × 2 = 0^m70.

Si l'on veut savoir la distance à observer entre les tridents, on aura 0^m35 × 3 = 1^m05.

DU PÊCHER

Sachant qu'il doit y avoir un intervalle de 0^m60 entre les branches du pêcher, il est facile ainsi de connaître l'espace que peut occuper tel arbre pour une Palmette-Verrier à 7 branches. On a 0^m60 × 7 = 4^m20.

On peut évidemment déroger à ces chiffres pour éloigner ou rapprocher les arbres de quelques centimètres, si la ligne à planter ne se divise pas parfaitement avec la distance à observer.

On obtiendra cette distance à 0^m005 près, en divisant la longueur de la ligne à planter par l'espace occupé pour telle ou telle forme; le quotient représentera la quantité d'arbres à planter sur une ligne donnée.

En redivisant la longueur de la ligne par la quantité d'arbres obtenus, on obtiendra l'intervalle exact d'un arbre à un autre, et sans aucun tâtonnement.

Exemple. — On a à planter un mur de 185 mètres de longueur pour la forme en candélabre (à 4 branches verticales). On sait que l'intervalle ou l'espace occupé par chaque arbre est de 4 × 0^m60 = 2^m40.

On divisera 185 mètres par 2^m40, or 185 : 2,40 = 77.

Le résultat est 77 arbres. En divisant 185 par 77, on obtient comme distance 2^m48.

Les distances à observer pour les grandes formes à branches horizontales ou obliques, telles que palmettes simples ou doubles ordinaires, peuvent être franchies ou diminuées.

Il est sage et prudent de consulter la nature du sol et d'agir en conséquence lorsqu'il s'agira de planter des grandes formes. Ordinairement, on plante pour former les palmettes à branches horizontales à 6 mètres environ.

On pourra quelquefois planter un peu plus loin ou un peu plus près, car moins un terrain est riche, moins on peut prétendre obtenir des arbres de dimension.

PRINCIPES GÉNÉRAUX DE LA TAILLE

L'équilibre de la charpente est un des premiers principes de la taille, car de là dépend l'égale répartition de la sève dans toutes les principales ramifications de l'arbre.

J'ai déjà fait remarquer que les feuilles étaient considérées comme les poumons des plantes qui respirent et transpirent journellement, qu'en laissant, en conséquence, le plus de boutons possible sur un rameau destiné à former une branche, il apparaissait au printemps suivant un nombre plus considérable de feuilles. De ces phénomènes résulte l'accroissement en longueur et en diamètre ; on est donc certain que, pour équilibrer deux productions du même âge dans une palmette, il faudra tailler la partie faible longue ou ne pas tailler du tout, selon la position qu'elle occupe. L'autre, plus forte, sera taillée courte, soit en moyenne à la moitié de la longueur donnée à la partie la moins favorisée.

La sève circule avec plus de facilités dans les productions droites que dans celles qui sont inclinées.

La sève afflue avec facilité dans les branches, dans les bourgeons verticaux, car la marche de la sève est toujours ascensionnelle; elle passe, au contraire, lentement dans les productions inclinées.

De ce principe, il faut incliner une branche forte, et relever une branche faible d'autant plus que son état de faiblesse l'exige.

Laisser moins de bourgeons sur les parties fortes que sur les parties faibles.

Plus il y a de bourgeons sur une branche, plus la sève y est appelée; en ébourgeonnant et en pinçant les bourgeons de très bonne heure sur les parties fortes et tardivement sur les parties faibles, on déplace la sève à l'avantage de celles-ci qui, en effet, portent plus de feuilles; par conséquent, le fluide séveux se répand chez elle avec plus d'abondance.

Laisser plus de fruits sur la partie forte que sur la partie faible.

En effet, les fruits absorbent beaucoup de sève; étant conservés sur les parties fortes en assez grande quantité, celles-ci s'épuisent facilement, et la sève circule naturellement avec plus de facilité au profit de celles qui sont appauvries.

Tailler très tard, lorsque les bourgeons sont déjà développés et sur un arbre très vigoureux.

L'arbre ainsi traité a déjà dépensé une certaine somme de sève dans l'extrémité de ses branches, les productions fruitières seront moins vigoureuses en raison de la perte de sève, et leur mise à fruits sera plus facile.

Tailler plus court les branches qui se rapprochent de la ligne verticale.

La sève afflue avec plus de force sur une production droite que sur celle qui est inclinée; en taillant plus long celles qui sont sur un angle de 45 degrés, la sève passe lentement au profit de tous les boutons et les fait se transformer à l'état de bourgeons.

En deuxième lieu, si les branches verticales sont taillées outre mesure, les boutons latéraux de la base ne pourront se développer, la sève agissant de préférence à l'extrémité des productions.

En général, on supprimera environ la moitié de la longueur des rameaux terminaux verticaux.

Maintenir très court les rameaux à fruits.

Les fruits deviennent beaucoup plus gros lorsqu'ils sont assis près des branches de charpente, parce que la sève les nourrit plus directement, et sont moins susceptibles de tomber sous l'action des vents. Les productions fruitières se conservent mieux elles-mêmes et tendent moins à disparaître ; chaque année la sève y fait naître de nouvelles productions.

Laisser sur chaque production fruitière un certain nombre de lambourdes.

Si les productions sont surchargées d'un nombre exagéré de boutons à fleurs, il s'en suit qu'une partie de la sève se trouve dépensée au profit de fruits inutiles qui viennent à disparaître, ou, s'ils persistent, cette quantité de fruits fatigue l'arbre et ne donne que des produits défectueux et sans saveur.

Tout arbre qui est rebelle à la fructification devra être transplanté à l'automne avec le plus grand nombre de racines.

L'arbre ainsi déplanté est fatigué ; ses petites productions, au lieu de donner naissance à des bourgeons, se déterminent en boutons à fleurs.

Arquer les branches sous-mères.

La sève circule plus librement dans une partie droite ; lorsque les branches sont arquées, la sève passe avec moins de facilité au profit du plus grand nombre des boutons qui sont placés sur la partie arquée ; ils donnent naissance à des productions moins vigoureuses qui se transforment très facilement à fruits.

Employer le sulfate de fer pour les branches ou les arbres malades ou sur le côté faible d'un arbre en espalier,

Par litre d'eau faire une dissolution de sulfate de fer à raison d'un gramme et demi, mouiller les feuilles le soir ; cette opération donne une nouvelle vigueur aux feuilles qui peuvent ainsi mieux remplir leurs fonctions.

On emploiera cette dissolution de sulfate de fer également pour les arbres atteints de la jaunisse.

Ne tailler jamais les arbres à pépins dans l'année de la plantation.

Les racines n'ayant pas pris possession du sol, au moment de la taille, il s'en suit que les opérations subies par ces arbres altèrent sensiblement la tige, et que celle-ci ne peut donner que des bourgeons faibles, sans espoir pour la formation de la charpente.

Du Poirier en pyramide

Le poirier en pyramide est composé de branches latérales placées symétriquement autour de la tige, formées entre elles par groupes (étages ou séries) distants les uns des autres de 0^m30 environ, afin que la lumière projette ses rayons directement à la base de ces branches, dans ses parties qui en ont le plus besoin.

Les branches latérales, à leur formation, sont inclinées sur un angle de 45 degrés.

Les branches de la base doivent avoir au maximum, lorsqu'elles ont cinq à six ans, une longueur de 1^m30 environ,

Chaque étage supérieur diminue en longueur en se rapprochant du sommet.

A sa formation complète, la pyramide a environ six mètres de hauteur, ses branches inférieures de la base peuvent avoir 1^{m}40 environ.

Elle a 2 mètres de diamètre et 6 mètres de circonférence.

DE SA TAILLE

Pour être plus clair dans les opérations qui vont suivre, je donnerai le nom de recépage à la première opération que je vais démontrer, afin de pouvoir faire concorder la première taille des branches de charpentes de la base avec leur première année de développement.

Du recépage. — Le récépage est une opération qui consiste, dans les jeunes arbres, à retrancher une partie de leur charpente, pour provoquer le développement de productions nouvelles, en rapport de la forme à leur donner.

Nous avons vu que nous ne devons tailler le poirier qu'une année après sa plantation, en admettant toutefois que l'arbre soit parfaitement enraciné. On le reconnaît lorsqu'il s'est développé des rameaux depuis la mise en terre.

On procède ainsi à la première taille : on recèpe à 0^{m}45 environ et en coupant les quelques branches qu'il possède sur les boutons stipulaires, lesquels se trouvent placés à la naissance des rameaux.

Après cette opération, de nombreux bourgeons apparaissent au printemps sur presque la totalité de l'arbre ainsi opéré.

Ebourgeonnement. — Lorsque ces jeunes pousses ont atteint de 0^{m}05 à 0^{m}08, on supprime d'abord tous les bourgeons depuis le sol jusqu'à la hauteur de 0^{m}30 environ.

Il serait bon d'attendre quelques jours pour ébourgeonner les jeunes productions qui sont superflues pour l'étage, afin de ne pas supprimer trop de feuilles d'une seule fois. Quoi qu'il en soit, on ébourgeonne donc les productions mal placées pour ne conserver que celles qui sont bien alternées tout autour de la tige, et cela au nombre de *cinq*, plus un bourgeon pour la tige.

Généralement, celle-ci ne doit jamais être prise sur le sommet de l'arbre, c'est même dangereux, parce que la coupe faite sur le sommet est quelquefois sensiblement desséchée, on conservera donc quelques bourgeons au-dessus du point de la jeune tige, en ayant soin d'ailleurs de les pincer sévèrement pour empêcher l'onglet de se dessécher; puis celui-ci sera supprimé une année plus tard, lorsque la flèche sera assez forte pour recouvrir l'amputation.

Palissage. — On aura soin de palisser les six bourgeons sur des petites baguettes qui seront fichées en terre à cet effet, afin d'assurer à ces jeunes pousses une bonne direction.

Remarque. — Je dis que cinq branches sont suffisantes par séries ou étages, parce que ce nombre de branches suffit pour faire le pourtour d'un poirier quelconque, n'importe dans quelle variété.

Prenant au hasard un bouton latéral sur un rameau de poirier, on remarquera que le sixième recouvre ou pour mieux dire occupe latéralement la même position que celui que nous avons choisi; c'est un principe généralement admis de prendre cinq ramifications par groupes. On est obligé de faire une déviation du sixième bourgeon, lorsque l'on veut faire une pyramide à six branches, et, par suite, tous les autres changent de position. On défait alors ce que la nature a si bien organisé, et pour arriver à un plus mauvais résultat; on a beaucoup plus de peine à obtenir chaque année ce nombre de productions, et moins de lumière dans le centre de l'arbre.

Du pincement. — On entend par pincer un bourgeon, supprimer son extrémité lorsqu'il est herbacé, et cela avec le pouce et l'index ou un intrument, pour en arrêter la croissance.

Il arrive presque toujours que quelques bourgeons de chaque série nouvelle se développent avec plus de vigueur, on les arrête alors par le pincement; on oblige ainsi les plus faibles à prendre un développement analogue à celui de leurs voisins.

Si un premier pincement ne suffit pas pour rétablir l'équilibre, il ne faut pas hésiter à en faire un deuxième.

Première taille d'hiver des rameaux du premier étage et en général

Y a-t-il une longueur déterminée lors de la taille des rameaux terminaux, et cela sans distinction d'espèces?

J'ose affirmer que nous ne devons pas admettre une taille uniforme pour l'élongation à donner aux rameaux terminaux de nos poiriers.

Ce serait induire en erreur celui qui n'est pas familiarisé avec les différentes variétés de poiriers que nous possédons.

Posons ce principe :

1º Tous les poiriers ne se développent pas avec la même vigueur.

2º Leurs rameaux ne sont pas aussi forts dans toutes les variétés.

3º Les boutons latéraux sont plus ou moins prononcés.

Il doit donc y avoir des variétés qui demandent à être taillées plus longues que certaines autres.

Toutes celles, en général, qui ont leurs rameaux forts, leurs yeux saillants, seront taillées, soit en moyenne de 0^m40 dans les branches verticales, 0^m50, 0^m60 et quelquefois davantage dans les lignes obliques ou horizontales. Dans les cordons obliques principalement, si les terminaux sont taillés courts, il se produit un grave désordre dans les productions fruitières ; elles deviennent très fortes et stériles. Il m'arrive souvent que des branches d'obliques sont arrivées à leur formation complète et qu'elles n'ont reçu qu'une ou deux tailles vers la base. J'agis ainsi dans les espèces vigoureuses, dont les boutons latéraux sont à l'état aigu ou de dard. Par ce procédé, pas de coursonnes gourmandes et beaucoup de fruits.

Dans les espèces à bois grêle et à boutons peu apparents, si l'on veut obtenir par la taille des productions fruitières, il faut tailler plus court, puisque la taille chez l'une ou l'autre de ces variétés a pour but d'obtenir les mêmes résultats.

En supposant donc que l'arbre qui nous occupe soit d'une vigueur dépassant la moyenne, on taillera d'abord les rameaux de la base qui doivent être les plus longs, soit à une longueur de 0^{m}35. Si les boutons sont assez bien prononcés, ceux du sommet seront taillés plus courts et feront avec les inférieurs une ligne horizontale.

Or, cette ligne ne devra pas dépasser comme élévation les premiers boutons de la tige, qui constitueront les premiers bourgeons de l'étage supérieur. C'est donc ce point qui servira de guide extrême pour l'élongation des rameaux d'une série taillée pour la première fois.

On explique cette pratique par ce raisonnement bien simple : Les productions inférieures, par la position qu'elles occupent, sont appelées à recevoir moins de sève que les rameaux du sommet mieux favorisés et mieux placés pour la direction de la sève; mais d'une part, ceux-ci possédant un tiers de moins de boutons que les inférieurs et d'une autre part ceux de la base en possédant davantage, la sève se portera donc avec autant de force vers la base de l'étage qu'à son sommet, il y aura donc compensation et l'équilibre sera le même.

Remarque. — On aura toujours le soin d'observer l'équilibre des cinq rameaux avant de leur appliquer la taille, car il peut arriver que l'un d'eux soit plus vigoureux ou beaucoup plus faible que les autres; en conséquence, le plus fort sera taillé d'autant plus court qu'il est d'autant plus fort, et le faible sera laissé en liberté, à moins d'une longueur déme surée qui ne serait nullement en rapport avec son diamètre.

Lorsque le premier étage est taillé, il faut songer à tailler la tige pour obtenir sur elle une deuxième série ; on la taille à 0^{m}45 environ du rameau le plus élevé de l'étage inférieur.

On aura le soin d'enlever l'onglet de la tige, parer la plaie proprement et la couvrir de mastic à greffer. Je conseille même de tailler la tige la première, puisque souvent de sa force dépend l'élongation de la taille des productions inférieures.

Je conseille aussi de tailler la flèche au-dessus du point de 0^{m}45 dans les espèces à rameaux pendants ; on enlève les boutons sur cette partie de la tige, qui sert de petit tuteur pour le palissage du bourgeon terminal.

Deuxième taille d'été

Au moment de la deuxième taille, le premier étage a changé d'aspect, les rameaux sont devenus branches, les boutons latéraux se sont transformés en bourgeons d'autant plus forts qu'ils se trouvent dans le voisinage des bourgeons terminaux. Ceux qui sont à la base, sont généralement à l'état de dard, production moins forte que les bourgeons proprement dits, mais dont la mise à fruits est presque assurée dans un temps prochain.

Pincement des bourgeons proprement dits

Les bourgeons proprement dits qui sont voisins des terminaux seront pincés de très bonne heure, à l'état herbacé, soit à deux ou trois feuilles, les autres ne subiront le pincement que lorsqu'ils auront une longueur de 0^{m}10, soit à cinq ou six feuilles bien prononcées.

Le but de ce pincement est d'empêcher d'abord ces bourgeons de devenir trop vigoureux et, d'une autre part, de faciliter les boutons de la base de ces jeunes pousses à se préparer à la production en devenant plus forts, et pouvant ainsi plus tard se transformer plus vivement à l'état de dard.

Un deuxième et troisième pincement seront nécessaires, on verra ensuite apparaître au sommet de chaque production un bourgeon anticipé; celui-ci sera pincé lorsqu'il aura atteint 0^m07 à 0^m10, à trois ou quatre feuilles, selon les espèces.

Je prie le lecteur, pour de plus amples renseignements, de se reporter au chapitre spécial des soins à donner aux productions fruitières.

DEUXIÈME ÉTAGE

A ce moment, le deuxième étage est plus qu'apparent; les cinq bourgeons sont bien développés; de même que pour la première série, on surveillera l'accroissement de ces cinq productions, on les mettra en rapport les unes avec les autres par des pincements, si le besoin l'exige; ces jeunes bourgeons seront attachés sur des petites baguettes s'ils deviennent pendants, de même que la tige qui devra toujours être parfaitement droite.

On ne pince jamais celle-ci. Il faudrait, dans ce cas, qu'elle soit d'une vigueur excessive qui pourrait nuire au développement des bourgeons de l'étage inférieur.

Deuxième taille d'hiver des branches de la charpente

QUATRIÈME ANNÉE DE PLANTATION. — TROISIÈME COUPE DE LA TIGE

A la deuxième taille d'hiver, l'arbre qui nous occupe représente deux étages bien constitués dont le premier porte des petits rameaux, rameaux (proprement dits), et des petits rameaux à fruits, ou dards, n'ayant pas encore atteint leur but (lambourde).

L'arbre présente, je suppose, une tige convenable qui

peut facilement donner naissance à un nouvel étage de branches.

Il devient inutile de répéter ce qu'il faut faire pour l'obtenir, c'est en tout semblable à ce qui précède, et cela jusqu'à ce que la pyramide soit formée, à moins *que l'étage de branches qui nous occupe ne soit mal constitué,* c'est-à-dire qu'il n'ait pas assez de rameaux pour être au complet, ou que son état de faiblesse ne permette pas de reprendre un autre groupe au-dessus de lui, ce qui serait une faute grave; ceci fait donc exception à la règle générale, que je décris un peu plus loin.

Examinons quelle est la taille à donner à chacun de nos deux étages, maintenant que la tige vient d'être taillée.

Dans la forme en pyramide, on doit s'attacher, pendant le jeune âge de l'arbre, à former, en quelques années, la partie basse, ou, pour mieux dire, le premier étage, afin de lui faire acquérir toute la force qui lui est nécessaire.

Ainsi, lorsque la pyramide est à son quatrième ou cinquième étage, les branches de la base doivent être formées.

Leur longueur, à ce moment, ne dépasse guère 1^{m}20; chaque année après, elles reçoivent une augmentation de quelques boutons, afin de ne pas leur faire dépasser 1^{m}40, dernier maximum de leur grandeur, en général. Je dis en général, car il peut se faire que l'on peut avoir sous la main des arbres d'une vigueur telle, que le bon sens et la pratique nous forcent de donner à cet arbre une élongation exceptionnelle, si l'on veut obtenir de lui des productions moyennes, et, par suite, des fruits.

Comme conclusion, il est facile de comprendre que, si on allongeait ces branches indéfiniment, les étages supérieurs et la tige même trouveraient un obstacle dans l'étage inférieur qui retiendrait par toutes ses parties vertes une quantité de sève par trop surabondante.

Ces notions données, il nous reste à faire la taille du premier

étage. Encore quelques mots relatifs à l'élongation à donner
à ses rameaux terminaux.

On doit observer sur la taille précédente le résultat obtenu
en productions fruitières ; si ce résultat est bon, les rameaux
proprement dits ne doivent être ni trop vigoureux ni trop
faibles.

Il faut s'assurer aussi s'il n'y a pas des vides nombreux,
preuve convaincante que l'arbre demande à être taillé plus
court.

Toutes ces observations sont autant de guides fondés sur
la propre expérience.

Je conclus :

1º Que si le résultat de la taille précédente est favorable,
la taille suivante se fera approximativement dans les mêmes
données que l'année précédente ;

2º Si les rameaux proprement dits sont trop vigoureux ou
trop faibles, on taillera plus long dans le premier cas et plus
court dans le second, relativement à la taille précédente.

DEUXIÈME ÉTAGE

Les rameaux du second étage sont taillés en raison de leur
vigueur, en raison de l'espèce et de l'équilibre obtenu, soit
de 0^m30 à 0^m40 ; on ne peut oublier le but de leur taille, il
faut, d'après elle, qu'une grande partie des boutons latéraux
des rameaux se développent en productions.

Remarque. — Il est bon de faire remarquer que, si quelquefois l'étage supérieur était d'une vigueur excessive relativement à l'inférieur, il faudrait évidemment le ralentir dans
sa vigueur, en le taillant plus court.

De même que si la tige avait un certain degré de faiblesse,
il est bon de ne pas la tailler.

Alternat sur la tige. — *Exception :* Je disais tout à l'heure
qu'il y avait quelquefois exception pour prendre un étage
chaque année.

En effet, si la dernière série est mal constituée ; si, par exemple, au lieu d'avoir obtenu cinq rameaux, il n'y en a que deux ou trois et que les deux autres parties soient à l'état de dards, il est évident que si on laissait au-dessus de ces ramifications une tige d'une longueur de 0^m45, la sève se porterait de préférence dans celle-ci, tout en abandonnant l'étage inférieur ; nous aurions donc un vice de forme dans la charpente.

Pour éviter cela, on taillera chacun des rameaux sur leur empâtement, à la couronne, et d'une épaisseur de 0^m005 environ, puis on appliquera l'entaille sur les parties non developpées.

On taillera la tige à moitié série, c'est-à-dire de 0^m15 à 0^m20 au-dessus du point où elle l'avait été précédemment.

Remarque. — On remarquera aussi quelquefois que, lorsqu'un étage n'est pas au complet et que les rameaux obtenus dans cette série sont à sa partie inférieure, il sera sage de les conserver, tout en ne leur laissant *que quelques boutons,* car les supprimer totalement serait, à mon point de vue, plus que téméraire ; nous savons, en effet, que la sève passe plus facilement au profit des productions extrêmes ; en supprimant ces rameaux sur les boutons stipulaires, il n'est pas toujours certain qu'ils se transforment en productions meilleures ; si, cependant, ces rameaux étaient d'une trop grande vigueur, mieux vaudrait les supprimer.

Taille d'été

Les soins à donner sont les mêmes, et en tout semblables aux précédents, il devient donc inutile de s'y arrêter, ainsi qu'aux suivants.

Troisième taille d'hiver des branches
de la charpente

CINQUIÈME ANNÉE DE PLANTATION. — QUATRIÈME COUPE

SUR LA TIGE

A la troisième taille d'hiver des branches latérales de la charpente, la pyramide a trois étages bien développés.

On taillera la tige comme les années précédentes, à 0^m45.

On procédera à la taille de la série la plus basse en ayant le soin d'observer ce qui a été dit plus haut, on prendra pour moyenne une élongation de 0^m25 à 0^m30, selon que la flèche s'élance bien et qu'en un mot, rien ne fait pressentir un état de faiblesse dans l'état général de la charpente.

Après l'étage inférieur, il faut opérer la taille des rameaux de la troisième série, ou la plus élevée, dans des données relatives à leur force; il convient, bien entendu, d'observer l'arbre dans son ensemble.

On taillera ensuite les rameaux terminaux du troisième étage, en harmonie avec le premier et le deuxième, en affectant la forme d'un cône.

Je n'ai plus besoin d'insister sur l'équilibre des productions, sur leur force ou leur faiblesse, puisque c'est cet état qui guide l'opérateur.

Quatrième taille d'hiver des branches
de la charpente

SIXIÈME ANNÉE DE PLANTATION. — CINQUIÈME COUPE

SUR LA TIGE

A la quatrième taille des branches de la charpente, l'arbre a quatre étages de formés.

La série inférieure peut être taillée de 0^m05 à 0^m15 de la coupe inférieure faite l'année précédente sur chacun des rameaux terminaux.

Ces branches ont atteint ou sont sur le point d'atteindre la longueur approximative.

On prendra un nouvel étage, s'il y a lieu, et la série supérieure sera taillée ensuite.

Pour arriver à tailler sans tâtonnement les rameaux terminaux d'une pyramide, on prend comme moyen l'une des branches de la base de l'arbre qui est taillée à une longueur déterminée, puis la tige ou l'un des rameaux de l'étage supérieur, mais ce rameau doit être placé parfaitement au-dessus de la première branche inférieure *qui sert de guide.* De ces deux points extrêmes, tailler une branche de chaque étage sur le *même profil,* en ménageant la ligne oblique.

Prendre ensuite *comme guide,* pour tailler chaque étage, celle des branches qui a été taillée dans chacun de ces groupes, et tailler naturellement à la même hauteur toutes les branches de chaque série, à moins que, par exception, l'on ne rencontrât sur son passage des branches plus fortes ou trop faibles qui seraient alors taillées plus courtes ou plus longues que la branche qui doit servir de guide. Dans dix minutes, et quelquefois moins, la charpente d'une pyramide de six étages peut être taillée entièrement par ce système. On a ainsi l'avantage de ne pas revenir deux ou trois fois sur les mêmes coupes, ou de descendre de son échelle pour s'assurer que l'ensemble des coupes est pyramidal.

Je crois en avoir dit assez sur cette forme. Je conseille, en terminant, de n'allonger chacun de leurs rameaux terminaux que de quelques boutons seulement, vers la sixième ou septième taille des branches inférieures.

Remarque. — Il faut avoir soin de prendre toujours les boutons de prolongement sur l'avant; mais il peut arriver que le bouton sur lequel on a pratiqué la taille ne se développe pas; dans ce cas, on est obligé de reprendre un bourgeon placé inférieurement et dans la même position ; ceux qui sont placés au-dessus sont pincés à quelques feuilles. On palisse la production nouvelle sur cet onglet qui sera supprimé plus tard, soit dans le courant de l'été ou de l'hiver.

CULTURE DU POIRIER EN ESPALIER

DES GRANDES FORMES

Les plantations de poiriers sont devenues une source de commerce très important, et comme chacun est pressé de garnir ses murs, les plantations rapprochées se sont multipliées de telle sorte qu'aujourd'hui l'emploi des grandes formes est abandonné ; cependant elles ne sont pas à dédaigner, loin s'en faut, surtout dans les terrains riches, et chez les propriétaires qui sont amateurs du beau.

Celles qui sont généralement les plus usitées sont : la *palmette simple,* la *palmette Verrier* et la *palmette double.*

Palmette simple ordinaire

La *palmette simple* ordinaire se compose d'une tige principale ou branche-mère donnant naissance à des sous-mères placées symétriquement de chaque côté et d'une égale distance entre elles.

Formation. — De même que pour la formation du poirier en pyramide, je vais dénommer sous le nom de recépage, la première taille faite sur l'arbre, afin qu'il n'y ait pas de confusion dans l'âge des productions.

Du recépage. — On recèpe tout poirier destiné à cette forme à une hauteur de 0^m35 environ.

Toutes les productions qui sont au-dessous de ce point sont supprimées sur les boutons stipulaires, car généralement ces branches sont fatiguées et les tissus très serrés ne permettent pas à la sève d'y circuler avec facilité; on a donc comme ressource les boutons stipulaires dont je viens de parler.

Si cependant, à la hauteur de 0^m30 du sol, on avait deux branches en bon état et d'une bonne constitution, faisant ainsi espérer un avancement dans la formation de l'arbre, on pourrait les conserver comme premières branches sous-mères, mais le cas est rare, c'est donc une *exception* et encore faudrait-il les tailler assez courts.

Première taille d'été

Au printemps suivant, de nombreux bourgeons se sont développés sur l'arbre qui nous occupe; lorsque ceux-ci auront atteint une longueur de 0^m08 à 0^m10, il faudra procéder à l'ébourgeonnement, en commençant par la *base de l'arbre,* et cela graduellement, afin de ne pas déterminer un malaise général dans l'organisation de l'arbre, par la suppression subite d'une partie de ses feuilles.

L'opération ainsi bien calculée, on conservera à 0^m30 du sol environ deux bourgeons bien placés, l'un à droite et l'autre à gauche, puis un autre placé un peu au-dessus destiné à former la tige principale de l'arbre.

Ces trois bourgeons, pour leur assurer l'existence, seront provisoirement maintenus avec un jonc sur le treillage, car à l'état herbacé, ils sont très faciles à décoler; il faut toutefois avoir soin de ne pas trop les serrer dans le lien pour ne pas obstruer la sève.

On aura le soin ensuite de pincer sévèrement les quelques bourgeons qui existent sur l'onglet, au-dessus du point où est placé le départ de la jeune tige, afin d'y entrenir pendant tout l'été, un certain degré de vie ; car s'il était dépourvu complètement de feuilles, la sève n'y étant pas par cela même appelée, il en résulterait un dessèchement qui pourrait bien s'étendre jusqu'au point de naissance du bourgeon principal, et apporter dans son organisation un désordre quelquefois difficile à conjurer.

Il est bien entendu que, s'il y avait quelques bourgeons entre les deux points de naissance de la tige et des bourgeons sous-mères, il faudrait les supprimer.

L'arbre ainsi préparé est donc composé seulement de trois bourgeons, un vertical et deux placés obliquement de chaque côté sur un angle de 45degrés.

L'opération dont je viens de parler étant terminée, il ne faut pas laisser l'arbre sans lui donner d'autres soins pendant l'été ; car la sève agissant souvent de préférence dans certaines parties, il arrive toujours des inconvénients graves. Il faudra donc soumettre l'arbre au palissage et au pincement, s'il y a lieu.

Du palissage

Le palissage est une opération de la taille d'été principalement applicable aux arbres en espalier, qui consiste à fixer le long du treillage avec des joncs les productions développées ; ceci est fait dans un but pratique et utile, et exécuté en raison de la force des productions.

J'admets que le jeune arbre qui nous occupe ait été négligé pendant un certain temps : Le bourgeon mère ou la jeune tige a absorbé à son profit beaucoup de sève, en revanche, d'un autre côté, un bourgeon destiné à former une des deux sous-mères, s'est développé avec plus de force que son voisin. En pareil cas, voici ce qu'il y a à faire :

Le bourgeon fort, destiné à former la sous-mère, doit être palissé plus horizontalement que son voisin et très serré ; de cette manière, la sève ascendante y circulera avec moins de facilité et le plus faible sera palissé plus obliquement sur un angle de 45 degrés.

Or, lorsqu'un bourgeon s'approche de plus en plus de la ligne verticale, il devient plus vigoureux; il y aura donc affaiblissement dans le premier cas et vigueur imprimée dans le second; en conséquence, il y a compensation et l'équilibre se rétablit.

Le bourgeon destiné à former la tige, qui lui aussi est très vigoureux, sera pincé à $0^{m}30$ environ de sa naissance, afin que la sève ne soit pas dépensée inutilement à son profit; car il ne faut pas perdre de vue que c'est là, au centre de l'arbre, où la sève se dirige de préférence.

Première taille d'hiver des rameaux
de la charpente

DEUXIÈME ANNÉE DE PLANTATION

D'après ce qui précède, nous savons que la tige a une tendance à devenir très vigoureuse; lors de sa première taille, on la coupera à $0^{m}15$ ou $0^{m}20$ de sa naissance, c'est-à-dire à moitié série et dans un autre but.

On doit bien établir les branches sous-mères de la base avant de prendre les supérieures; il faut qu'elles aient deux années avant de reprendre sur la tige une nouvelle série; si, au contraire, on obtenait au besoin un autre groupe de branches un an après le développement du premier étage, celui-ci viendrait plus tard à s'affaiblir, et lorsque l'arbre serait presque à sa formation, les productions inférieures viendraient à faiblir, n'ayant pu résister à la grande somme de bourgeons placés au-dessus d'elles.

Taille des rameaux de la première série

De même que dans la taille des rameaux qui constituent la

charpente d'une pyramide, les rameaux des arbres en espalier doivent être soumis à une taille raisonnée suivant la vigueur des arbres.

Remarque. — Il est à remarquer que les rameaux qui ont une position horizontale ou qui se rapprochent de la ligne oblique, demandent une taille plus allongée que ceux qui sont verticaux; car, dans le premier cas, la sève circulant plus lentement, peut donner son concours à un plus grand nombre de boutons, et les faire se transformer plus facilement en bourgeons ou en productions fruitières.

Dans le second cas, si les rameaux qui se rapprochent de la ligne verticale sont taillés d'une longueur égale aux derniers, il arrive que la sève, se portant plus vivement vers leurs extrémités, laisse souvent quelques boutons de la base sans produire aucun effet de végétation, ou bien d'un degré de faiblesse telle que leur organisation s'en ressent facilement, et on les voit avant peu d'années dépérir.

Si les deux rameaux qui nous occupent sont vigoureux, on peut donc leur donner 0^{m}40 ou 0^{m}55 de longueur, encore faut-il admettre que nous ayons certaines espèces dont les boutons latéraux sont bien constitués.

Si l'on avait à tailler un arbre comme les William, les Beurré Giffard, etc, espèces dont les boutons sont généralement grêles, il faudrait, pour cette raison, tailler bien plus court, ou, sans quoi, on aurait un tiers de la base qui serait dépourvue de coursonnes.

Si l'équilibre de l'arbre n'a pas été complètement établi pendant l'été, et s'il y a un rameau plus fortement constitué que l'autre, il faudra, d'après les principes de physiologie, tailler le rameau fort plus court que celui qui est faible et lui donner une position se rapprochant de la ligne horizontale.

On devra relever la partie faible sur un angle de 45 degrés. J'entends par là une ligne d'inclinaison qui occupe le milieu de la tige formée par le sol, et de la verticale figurée par la tige.

Deuxième taille d'été

Au printemps suivant, on surveillera attentivement les bourgeons terminaux de chaque branche, afin qu'ils prennent naissance autant que possible sur l'avant; on devra également surveiller leur accroissement, les palisser et pincer, s'il y a lieu, sur la partie la plus forte ; puis soumettre les bourgeons proprement dits au pincement, d'autant plus sévèrement qu'ils sont placés au sommet ou sur une partie supérieure, et enfin supprimer les productions de derrière qui touchent le treillage.

Soins de la tige

Sur la tige, plusieurs bourgeons se sont développés ; il est urgent de choisir pour terminal le mieux placé à l'avant lorsqu'il est palissé et de pincer alors tous les autres assez sévèrement, car ils sont destinés à disparaître.

On sait effectivement que nous ne laissons pas de productions fruitères sur la tige entre les 0^m30 d'un étage à un autre ou par exception, lorsque cette tige est d'une certaine faiblesse relative aux sous-mères, ou dans un autre cas, lorsque les arbres sont exposés à la trop vive lumière ; ces petites coursonnes forment avec leurs feuilles une petite ombrelle qui protège cette tige de l'action trop vive de la lumière.

Il est bon aussi de lui faire acquérir pendant cette saison toute la force désirable, car l'on sait qu'elle est destinée l'hiver suivant à être taillée pour former un deuxième étage de sous-mères. Si, cependant, il y avait abus dans sa végétation, un pincement fait à la hauteur de 0^m60 à 0^m70 suffirait pour éviter un désordre relatif aux branches inférieures.

Deuxième taille d'hiver des branches
de la charpente

TROISIÈME COUPE SUR LA TIGE. — TROIS ANS DE PLANTATION

A la deuxième taille d'hiver des branches de la charpente, l'arbre présente une série de branches bien constituées ayant, comme on sait, deux années d'existence, leurs petits rameaux latéraux sont soumis au cassement.

Il est temps à ce moment d'incliner chacune de ces branches à 30 degrés environ, car si on attendait plus longtemps, leur dimension en grosseur donnerait quelques difficultés pour l'opération. On ne la fera que si l'état de force de ces branches le permet, car, si elles étaient grêles, il faudrait mieux attendre encore une année.

On taillera leurs rameaux terminaux en raison de l'état de leurs boutons latéraux, et du résultat de la taille faite précédemment.

Enfin, on se basera à retrancher dans ces lignes obliques le tiers de la longueur de chaque rameau, sauf le cas de force majeure que j'ai énoncé.

Il arrive même quelquefois que ces rameaux terminaux ne sont pas taillés du tout, car il peut se faire que l'un et l'autre ne soient développés que de 0^{m}25 ou 0^{m}30.

Une taille faite sur eux dans un cas semblable serait plutôt nuisible.

Obtention d'un nouvel étage

Pour obtenir un deuxième étage, il faut tailler sa tige à une hauteur de 0^{m}35 à 0^{m}40 de hauteur, je dis 0^{m}35 ou 0^{m}40, parce que si on accepte 0^{m}30 d'intervalle entre chaque étage, il faut bien 0^{m}005 du bouton le plus bas de l'étage au bouton qui est destiné au prolongement de la tige. La prudence veut que nous laissions deux boutons pour l'obtention du bourgeon terminal, car il peut très bien arriver un accident au seul bouton conservé, ce qui est très fâcheux, dans ce sens qu'il faut reprendre un bourgeon inférieur, lequel est bien placé en harmonie avec le bourgeon qui lui est immédiatement opposé, et qui constituent à eux deux le germe de l'étage futur.

Si on met 0^m35 d'intervalle entre les branches du poirier, pour des raisons que j'ai déjà décrites, on voit qu'en taillant la tige à 0^m40 environ nous n'aurons au printemps qu'un choix strict de bourgeons. J'insiste sur ces petits détails, car à mon point de vue, c'est la clef de la charpente.

Si l'étage inférieur n'était pas assez bien formé, pas assez bien constitué, il ne faudrait pas reprendre une série nouvelle, dans la crainte de la voir dépérir ; la tige serait taillée à une dizaine de centimètres, au-dessus de la coupe faite précédemment.

Troisième taille d'été

Au printemps suivant la deuxième taille des branches de la charpente, la tige de l'arbre présente plusieurs bourgeons qu'il faut utiliser. Deux d'entre eux sont pour former le deuxième étage et l'autre le prolongement de la tige.

On choisit donc les deux bourgeons placés à droite et à gauche et situés chacun à 0^m30 ou 0^m35 de la branche correspondante de l'étage inférieur, afin d'obtenir la nouvelle série : je dis de la branche correspondante de l'étage inférieur, parce que, pour avoir une palmette régulière, il faut que chaque branche de chaque étage soit parfaitement à sa place.

Exemple. — Si dans la série inférieure, la branche de droite est plus élevée que celle de gauche, ou pour mieux dire est prise à 0^m02 ou 0^m03 du point de départ de cette dernière, il faut que cette harmonie règne dans toutes les productions nouvelles. Ce serait un vice de forme en faisant l'inverse ; cependant ce fait se produit encore assez souvent, on ne doit pas en attribuer la faute à celui qui est appelé à diriger l'arbre, car souvent on est contrarié par certains accidents qui surviennent au moment où on y pense le moins.

On choisit ensuite le bourgeon destiné au prolongement de la tige ; on protège celle-ci pendant toute la belle saison ainsi que l'étage nouveau ; on doit donner à toutes les productions les mêmes soins qui ont été donnés l'année précédente : ébourgeonnement et pincement sur les coursonnes, palissage des bourgeons, etc.

Troisième taille d'hiver des branches
de la charpente

QUATRIÈME COUPE SUR LA TIGE. — QUATRE ANS DE PLANTATION

L'arbre présente alors deux étages de branches bien constitués ; dans ce cas, on taillera la tige dans la même proportion que l'année précédente, afin d'obtenir une troisième série.

On incline encore un peu les branches de la base, et chacun des rameaux terminaux sont taillés en raison de leur force.

Exception. — Si le deuxième étage n'était pas bien constitué, il vaudrait mieux attendre une année avant d'en reprendre un troisième. On continue ainsi d'année en année jusqu'à ce que l'arbre soit complètement formé, en ayant soin d'utiliser les principes généraux de la taille, s'il survenait un manque d'équilibre provoqué par des accidents ou toute autre cause.

On abaissera enfin les branches de la charpente sur un angle de dix ou douze degrés ; d'autres praticiens les placent horizontalement, comme dans la palmette Legendre, ceci dépend du goût des gens; ce qu'il faut observer avant tout, c'est la vigueur des branches, de là le mode d'inclinaison à adopter.

De la palmette simple Verrier

Cette forme est sans contredit ce que l'on peut trouver de mieux pour la facilité avec laquelle la sève passe dans toutes les parties de l'arbre.

Elle ne diffère de la *palmette simple ordinaire* en ce sens, que chacune des branches sous-mères sont relevées verticalement à leur extrémité, en décrivant un quart de cercle un peu allongé.

Les branches, dans leur ensemble, reprennent après cette courbe une ligne verticale jusqu'au sommet du mur, et conservent toutes entre elles une distance de 0ᵐ30 à 0ᵐ35. Cette partie relevée entretient constamment la vie dans ces branches; l'expérience a démontré que la sève y est très régulière et que les arbres qui y sont soumis jouissent relativement d'une santé florissante.

DE SA FORMATION

Je ne m'étendrai pas sur tous les petits détails, je ne ferai connaître que ceux qui n'existent pas dans la forme précédente.

Les branches qui composent les séries sont prises de la même manière que pour la palmette simple, et lorsque les branches de la base sont formées et relevées verticalement sur une hauteur de 0ᵐ60 environ, on reprend l'étage supérieur, mais il ne faudra pas reprendre une nouvelle série si cet état de formation n'est pas atteint.

Les étages supérieurs sont pris successivement d'année en année, en relevant toujours leur extrémité à la place qui doit leur être assignée; on continue ainsi jusqu'au sommet, il est à remarquer que plus les étages sont élevés, c'est-à-dire les derniers obtenus, moins leurs branches ont de longueur, les branches de la base attirent donc à elles une plus grande quantité de sève, ce qui contribue pour beaucoup au parfait équilibre que l'on remarque dans cette forme.

De la palmette double ordinaire

Cette forme diffère de la *palmette simple* dans ce sens : qu'elle possède deux branches mères verticales donnant ainsi naissance à des sous-mères placées symétriquement les unes au-dessus des autres et conservant entre elles un intervalle égal à celui qui existe entre les deux branches mères.

DU RECÉPAGE

L'arbre, qui doit être soumis à la forme en *palmette double Verrier,* doit être recepé du sol à la hauteur de 0^{m}25 environ. Comme dans les autres formes, on supprimera les ramifications mauvaises pour se servir des boutons stipulaires.

Première opération d'été

De même que dans toutes les autres formes, le recépage a fait naître au printemps une certaine quantité de bourgeons, productions qui ne sont pas toutes utiles pour la formation de la charpente.

Un ébourgeonnement est donc nécessaire; nous supprimons tous les bourgeons, depuis le sol jusqu'à la hauteur de 0^{m}20 environ, là on choisit les deux jeunes pousses qui sont les mieux placées, l'une à droite, l'autre à gauche; ce sont ces petites productions qui formeront les deux branches mères. Il est donc de la plus grande utilité de les bien choisir, les autres bourgeons placés au-dessus d'eux seront, quelques-uns ébourgeonnés, les autres pincés dans le voisinage de la coupe.

On surveillera ces deux bourgeons dans leur croissance, et, quand ils auront atteint une longueur de 0^{m}30 environ, on leur fera décrire dès leur naissance une certaine courbe allongée pour former l'U ; puis à 0ᵐ15 d'une ligne verticale figurée au centre de l'arbre et à 0ᵐ30 du sol, on détermine ainsi un point où chaque bourgeon doit subir l'arcure et à une feuille placée au-dessus et munie d'un bouton.

On peut donc remarquer que les deux points arqués sont distants l'un de l'autre de 0ᵐ30 environ et que les bourgeons arqués sont à 0ᵐ30 également du sol.

Pendant la saison, on surveillera la croissance de ces deux jeunes productions, on relèvera leur extrémité selon la ligne oblique de 45 degrés, en un mot, on les mettra l'un et l'autre d'un même équilibre.

Remarque. — Il arrive souvent que les bourgeons destinés à l'arcure sont trop ligneux, on se contentera alors de les palisser obliquement, tout en formant une courbe à leur base, et, à la taille suivante, on taillera chaque rameau sur deux boutons, un de face pour le prolongement de la tige et un de côté pour donner naissance à une sous-mère.

Première taille d'hiver de la charpente

A ce moment, l'arbre est composé de deux rameaux qui ont subi l'arcure comme nous l'avons déjà vu.

La première taille à leur donner ne doit pas être exagérée, car il faut avant tout obtenir à la base des rameaux, des productions fruitières assez bien constituées.

En second lieu, il ne faut pas que cette taille soit trop éloignée des deux points arqués, afin que les boutons du sommet de l'arcure se développent à l'état de bourgeons pour continuer le prolongement des deux branches mères.

Dans les arbres où l'arcure n'a pu être faite, on emploiera le moyen que j'ai déjà indiqué pour eux ; mais il peut se faire qu'il y ait dans ces arbres un manque d'équilibre, on sera alors obligé de ne pas tailler les deux rameaux à la même hauteur et sur deux boutons de formation.

Le rameau qui sera le plus faible, sera taillé de façon à obtenir de lui un bourgeon pour la première sous-mère, et un autre pour la continuité de la même branche de charpente, tandis que le rameau le plus fort devra être taillé court relativement à la faiblesse de son voisin ; lorsqu'arrivera le printemps, son bourgeon terminal subira l'arcure à son tour ; par ce moyen, il y aura eu arrêt dans la formation du côté fort, l'équilibre se rétablira ainsi facilement.

Deuxième taille d'été

Au printemps suivant, notre jeune arbre présente deux jeunes branches garnies de productions fruitières ; leurs bourgeons terminaux sont choisis avec soin et palissés obliquement.

On protègera également les deux bourgeons nés du sommet de l'arcure, qui ne sont, comme nous le savons, que le prolongement des branches mères. On les pincera cependant à une longueur de 0^m25 à 0^m30, afin que la sève se porte avec force au profit des branches mères ; les productions fruitières recevront les soins qui leur sont nécessaires.

Deuxième taille d'hiver de la charpente

Lors de la deuxième taille d'hiver les jeunes branches sous-mères ont deux années d'existence, il conviendrait donc à ce moment, de tailler pour prendre une nouvelle série ; mais généralement elles ne sont pas assez fortes et presque toujours grêles, ce serait donc aller trop vite.

On taillera donc les rameaux de chaque branche mère à une quinzaine de centimètres environ de leur point de naissance. Cette manière d'opérer influe beaucoup sur la végétation des branches sous-mères, et en même temps ces tailles courtes faites sur ces rameaux formeront plus tard un certain obstacle à la marche de la sève généralement trop directe dans les parties droites.

La deuxième taille à donner aux branches sous-mères varie en longueur; suivant la force des branches, on se basera comme toujours à en retrancher le tiers, quelquefois moins, car il m'est arrivé plusieurs fois de ne pas tailler des rameaux terminaux d'une longueur de 0^m60 pour des raisons déjà décrites ici.

Troisième taille d'été

Lors de la troisième taille d'été, on procèdera dès le début de la végétation à l'ébourgeonnement des bourgeons inutiles placés à l'arrière des branches, on provoquera le libre développement des bourgeons terminaux des deux branches de charpente ; et, lorsqu'ils seront encore herbacés, ils seront arqués à leur tour à 0^m30 environ de l'étage inférieur et à 0^m15 du centre de l'arbre, afin d'obtenir ainsi les mêmes résultats que pour le premier étage.

On leur donnera les mêmes soins pendant l'été, on s'occupera en un mot de leur donner une bonne direction afin d'arriver à un parfait équilibre.

Troisième taille d'hiver

Lors de la troisième taille d'hiver, le nouvel étage sera taillé de façon à obtenir tout à la fois, des productions fruitières et le prolongement des branches mères, qui naîtront au printemps prochain avec des boutons bien placés sur l'arcure.

On taillera les rameaux terminaux du premier étage, selon leur force ; ils seront, comme à l'ordinaire, palissés sur le treillage et relevés vers leur extrémité.

On pourra, si le résultat est bon chaque année, prendre une série nouvelle, en ayant soin toutefois d'alterner si besoin est.

DES PETITES FORMES

L'emploi des petites formes est très avantageux pour garnir un mur vivement, aussi en voit-on maintenant de tous côtés.

Je décris ici les plus avantageuses, celles qui, en un mot, peuvent rendre de réels services.

De l'U simple

La forme en **U**, ou cordon vertical double, est formé de deux branches verticales distantes l'une de l'autre : pour le poirier, elle est de 0ᵐ30 ou 0ᵐ35, selon la distance de plantation.

Du recépage

Un an après la plantation, chaque arbre est tranché à 0ᵐ25 environ du sol, dans le but de faire développer à 0ᵐ20 deux bourgeons principaux qui doivent former eux-mêmes la charpente de l'arbre.

L'arbre ainsi soumis à cette opération, devra, comme dans les autres formes, ne conserver aucune production défectueuse.

Premières opérations d'été

Ébourgeonnement. — Vers la fin d'avril, première quinzaine de mai, le jeune arbre se couvre de bourgeons ; il est utile d'en supprimer une partie, afin que les deux bourgeons nécessaires pour la forme de l'arbre reçoivent toute la sève qui vient des racines.

Cette suppression se fait du sol jusqu'à la hauteur de 0ᵐ20 environ ; à ce point, on choisit les deux bourgeons les mieux placés sur les côtés et ceux qui se trouvent au-desssus sont pincés sévèrement.

Palissage. — Si le treillage qui sert de support aux arbres n'est pas serré et que quelques difficultés se présentent pour une personne non habituée à la direction des arbres, je conseille de faire à chaque arbre un petit moule sur le treillage, avec des baguettes d'osiers encore vertes, ce qui représentera d'avance l'image de l'espalier.

Au fur et à mesure du développement des bourgeons, ils seront palissés sur cette petite charpente avec des joncs, en ayant le soin toutefois de ne pas serrer trop fortement les jeunes productions et de laisser toujours leurs extrémités complètement libres, et cela dans une longueur de 0^{m}10 à 0^{m}15.

Pincement. — Il peut arriver que l'un des bourgeons devienne plus vigoureux que l'autre ; en supprimant l'extrémité du plus fort, on arrêtera sa marche trop fougueuse, et l'équilibre se rétablira.

Si quelques bourgeons anticipés se développent sur l'un ou l'autre de ces bourgeons, ils seront pincés à quelques feuilles.

Première taille des rameaux de la charpente

L'hiver suivant, les deux bourgeons que nous venons de suivre pas à pas ont pris le nom et le caractère de rameaux. On leur assignera donc une première taille, en mettant en pratique ce qui a été dit plus haut.

Remarque. — On observera aussi que, pour les formes verticales, on retranche ordinairement la moitié de la longueur du rameau terminal, mais certaines espèces sont taillées plus courtes en raison de la faiblesse de leurs rameaux, tandis que d'autres sont taillées plus longues à cause de leur vigueur.

Si l'un des côtés va plus vite que l'autre, s'il y a force ou faiblesse d'une part, il faudra y remédier par les moyens que nous connaissons.

Opérations d'été qui suivent la première taille
de la charpente

On fera subir le pincement aux bourgeons tel qu'il est indiqué, en ayant soin de pincer sévèrement les bourgeons qui avoisinent le terminal.

Les bourgeons terminaux seront pris sur le devant et palissés à plusieurs reprises, puis on fera un ou deux pincements sur une partie dominante, s'il y a lieu.

Deuxième taille d'hiver

Si le résultat de la taille précédente est satisfaisant, c'est-à-dire si les productions latérales sont bien développées, on taillera les rameaux terminaux dans des proportions analogues à l'année précédente, à moins que leur vigueur ne soit plus accentuée; leur taille sera en raison de leur force.

Tailles successives des terminaux jusque vers
le sommet de l'espalier

L'arbre, lorsqu'il se couvrira de fruits, poussera avec moins d'énergie ; en conséquence, les deux rameaux de prolongement seront taillés moins longs chaque année, et cela aussi dans le but de concentrer la sève au profit des branches coursonnes.

De la forme dite trident, ou cordon vertical
à trois branches

La forme dite trident, se compose de trois branches principales : Une tige centrale, puis deux sous-mères placées de côté.

Recépage. — On fera cette opération à la hauteur de 0^m25 ou 0^m28 environ pour avoir un petit tronc de vingt et quelques centimètres.

Soins à donner après cette opération

Ébourgeonnement. — On supprimera tous les bourgeons depuis le sol jusqu'à la hauteur de vingt et quelques centimètres. A cette hauteur, on choisira les trois bourgeons les mieux placés, dont un pour le prolongement de la tige et deux autres placés l'un à droite, l'autre à gauche. Ceux placés au-dessus, seront supprimés ou pincés.

On a le soin d'imprimer à ces deux sous-mères une arcure comme dans l'**U**, mais plus allongée, et leur extrémité se redresse à une trentaine de centimètres du sol et à trente et quelques centimètres de la tige, selon l'intervalle d'un pied à un autre.

Je conseille, comme toujours, de ne jamais prendre le bourgeon de prolongement de la tige à côté de la coupe de recépage; car, comme on le sait, il y a souvent un dessèche ment du corps ligneux ou de l'écorce.

Pincement et palissage. — La tige dans le trident occupe une position favorable, et se développe toujours avec force si on n'a pas le soin de l'arrêter dans sa marche.

En conséquence, ce jeune bourgeon central, lorsqu'il sera assez bien constitué, pourra être pincé à la hauteur de 0^m25, et s'il était par trop vigoureux relativement aux deux voisins, un pincement plus sévère serait utile.

La sève prend ensuite sa marche régulière vers les deux autres productions.

Si l'équilibre entre ces deux dernières vient à se rompre, un ou deux pincements sur la plus forte suffiront pour arriver à l'égale répartition de la sève dans la charpente.

Première taille d'hiver des trois jeunes rameaux de la charpente

Les deux rameaux qui doivent former les deux branches sous-mères seront taillés de telle sorte que l'on retranchera approximativement la moitié de leur longueur (sauf exception), comme je l'ai dit déjà bien des fois pour certaines espèces qui demandent l'élongation.

On aura aussi le soin d'observer l'équilibre des deux rameaux avant de leur appliquer la taille.

Tige. — Pour la tige, il faut qu'elle soit toujours en arrière comme formation, relativement à ses deux sous-mères, pendant l'hiver comme pendant l'été.

Elle sera donc taillée toujours au-dessous de celles-ci et ne devra pas former avec elle vers le sommet, une ligne horizontale.

On continuera d'année en année à traiter les bourgeons de prolongement des sous-mères selon leur force et relativement à leur bonne ou mauvaise constitution ainsi de celle des productions fruitières.

Au fur et à mesure que les prolongements s'achemineront vers le sommet du mur, ils seront taillés plus courts pour n'en venir qu'à quelques boutons seulement, et la tige arrivera au sommet également, mais deux ou trois ans après.

Du candélabre à quatre branches

Cette forme est usitée quoiqu'elle présente certaines difficultés, celles-ci sont moindres lorsque, comme ici, l'arbre présente peu d'étendue.

Recépage. — On recèpe les poiriers à la hauteur de 0^m25 environ, pour provoquer le développement de deux bourgeons vigoureux qui seront plus tard les deux branches mères.

Ebourgeonnement. — Palissage

De même que pour les autres formes, on supprimera tous les bourgeons depuis le sol jusqu'à la hauteur de 0m15 ou 0m20, et à cette élévation, les deux bourgeons plus vigoureux seront conservés et placés l'un à droite, l'autre à gauche; ils seront palissés sur le treillage en leur imprimant une arcure très allongée, les branches se trouveront ainsi plus tard à 0m25 du sol.

On a le soin de retenir l'extrémité de ces jeunes pousses sur un angle de 45 degrés, afin d'accélérer la marche de la sève.

Première taille d'hiver et suivantes

On retranchera environ le tiers de la longueur de chaque rameau, quelquefois la moitié, et on les abaissera légèrement vers le sol.

On s'efforcera de leur faire acquérir une bonne vigueur, et trois ans après leur naissance, on les placera presque horizontalement, leurs extrémités prendront la direction verticale par le moyen de l'arcure faite de bas en haut, et cela à une distance de 0m45 ou 0m50 du centre de l'arbre, selon la distance de plantation.

On conduira ainsi ces branches jusqu'aux deux tiers de l'élévation du mur, avant de prendre sur elles, dans la partie centrale, les deux sous-mères qui doivent en compléter le centre et par suite la forme.

Mode d'obtention des deux branches sous-mères

Avant d'obtenir ces productions, on a le soin de fixer l'endroit (sur le treillage) où elles doivent naître plus tard, car ce sont des branches coursonnes qui sont destinées à cet accroissement.

Il faut donc les protéger, les réprimer s'il y a lieu; il ne faut pas, en effet, qu'elles soient ni trop faibles, ni trop chétives, on doit éviter autant que possible qu'elles se transforment en lambourdes. Il est nécessaire, d'un côté comme de l'autre, qu'elles soient de même force.

Pour arriver à ce but, on les pincera moins sévèrement, afin qu'elles soient aptes à *devenir branches*, mais il ne faut pas, je le répète, que ces productions aient trop d'empâtement sur les branches mères.

Je ferai aussi remarquer que, lorsqu'il sera temps de former le centre, il sera nécessaire d'imprimer à ces nouvelles productions centrales une légère arcure à leur base, afin de contrarier un tant soit peu la sève lors de son ascension de la branche mère dans la sous-mère, de les surveiller au beau temps pour qu'elles ne prennent pas un accroissement disproportionné, et enfin de leur donner une première taille d'hiver parfaitement raisonnée en rapport avec la force des branches mères. Il faut, en un mot, arriver à être leur maître si quelquefois un danger pour l'équilibre venait à se faire sentir : danger qui peut se combattre en faisant de très bonne heure une taille et des pincements sévères sur les parties vertes, et en appliquant les principes généraux, c'est-à-dire ombrager les parties fortes et faire des incisions annulaires, etc., etc.

Forme en U superposé ou en U double

La forme en U superposé se compose d'une tige et de deux sous-mères que l'on fait développer exactement comme pour la forme en trident, avec cette différence que le recépage se fait à 0^{m}30 environ et que les bourgeons destinés à former le premier étage des sous-mères sont plus élevés de terre et plus éloignés de la tige que dans cette forme; cela tient à ce que l'arbre a par sa forme plus de diamètre.

On fera donc naître le premier étage à 0^m25 environ du sol.

Ebourgeonnement et pincement. — Les soins sont les mêmes au début que pour le trident. Empêcher la tige d'absorber trop de sève au préjudice des productions de côté et mettre trois années au moins avant de reprendre sur la tige les deux autres branches qui constitueront l'U central.

Lorsque les branches de l'étage inférieur seront assez longues pour être relevées verticalement, on leur imprimera une arcure du centre de l'arbre à 0^m45 ou 0^m50, et, lorsque ce groupe inférieur aura atteint en longueur les deux tiers de la hauteur du mur ou au bas mot la moitié, il faudra songer à faire développer sur la tige deux bourgeons seulement, en taillant cette tige à trente et quelques centimètres de l'étage inférieur sur deux boutons de côté parfaitement en harmonie avec l'étage inférieur.

Pour le palissage de ces deux nouvelles pousses, on fera de même que pour l'U simple, en formant à leur base une arcure; l'étage central sera formé ainsi par le redressement des deux bourgeons selon la ligne verticale.

Si cet étage supérieur venait à dominer l'inférieur, on emploierait les moyens décrits pour maintenir l'équilibre.

Veiller, bien entendu, à maintenir les branches fruitières en parfait état.

Forme en U double ordinaire

La forme en U double ordinaire possède deux branches mères que l'on fait bifurquer par la taille pour obtenir de chacune d'elles deux nouvelles productions auxquelles on donne la forme d'un U. Elle peut entrer dans la catégorie des cordons verticaux et demande par conséquent les mêmes tailles sur les rameaux terminaux.

Recépage. — Il se fait pour ainsi dire exactement comme pour la forme ordinaire, c'est-à-dire à une hauteur de 0ᵐ25; on cherche également à provoquer le développement des deux bourgeons principaux qui prendront plus tard le nom de branches mères.

Ebourgeonnement. — Par l'ébourgeonnement de tous les bourgeons nés à la base de l'arbre jusqu'à la hauteur de 0ᵐ18 à 0ᵐ20 et par la suppression ou le pincement de ceux au-dessus de ce point, on arrive à conserver les deux bourgeons mères.

Palissage. — On doit préalablement dessiner sa forme sur le treillage et, pendant l'été, il n'y a absolument qu'à s'occuper de donner une bonne direction aux principaux bourgeons et de les maintenir dans un parfait équilibre.

On donnera à chaque branche mère future une ouverture de 0ᵐ35 environ du centre de l'arbre, ce qui donnera pendant la première année à chaque arbre l'aspect d'un **U** simple, ayant de 0ᵐ60 à 0ᵐ70 de largeur.

On ne s'occupera pendant cette année d'obtenir aucune production nouvelle; ce n'est qu'à la taille future que chaque production sera taillée dans ce but.

Première taille d'hiver des deux branches mères

Lors de la première taille des deux rameaux obtenus pendant l'été précédent, on examinera d'abord si ces deux productions sont de même vigueur.

Dans ce cas, on taillera chacun d'eux sur deux boutons bien placés de côté (un à droite, l'autre à gauche), et cela à une hauteur de 0ᵐ25 à 0ᵐ30 du sol, ce qui leur donnera une longueur d'environ 0ᵐ35.

Remarque. — Si cependant l'état de ces deux rameaux ne permettait pas d'obtenir sur eux de nouvelles productions utiles pour la charpente de l'arbre, soit à cause de leur état de faiblesse ou pour un manque d'équilibre, il faudrait, dans le premier cas, attendre un an pour arriver à notre but, et dans le second, tailler court le rameau trop fort, ce qui apporterait un retard d'une année dans la production. Pour le complément de la charpente, il est nécessaire de lui conserver un seul bourgeon terminal; un an après, on le soumettra à la taille d'après les principes sus énoncés, et la partie la plus faible, quoique étant dans son état normal, sera taillée sur deux boutons afin d'obtenir deux bourgeons qui formeront l'U.

On peut encore obtenir ce même résultat en pinçant le rameau le plus fort qui se trouve ainsi retardé, on coupe l'extrémité de son bourgeon terminal sur deux feuilles placées dans de bonnes conditions, plus tard on a sur ce point deux anticipations; pendant ce temps, la partie faible reçoit suffisamment de sève pour pouvoir marcher de front avec celle qui était la plus gourmande.

Difficultés qui peuvent survenir pour la formation totale de la charpente

Comme dans toutes les formes qui possèdent deux branches mères, la difficulté est accentuée. En effet, il suffit d'un accident sur l'une ou sur l'autre des branches pour rompre l'équilibre et arrêter ainsi la formation de l'arbre.

Dans le pêcher, c'est une tache de gomme; dans le poirier, une maladie des écorces, des pincements faits par les nsectes, etc.

On y remédiera dans la mesure du possible, par les opérations d'été et en sec (d'hiver) en appliquant des mesures plus radicales sur les plus fortes parties.

Palmette Verrier,
à quatre branches sous-mères

Cette petite forme est sans contredit une des plus élégantes; la marche de la sève n'est nullement contrariée. Elle a beaucoup de rapport avec l'U double superposé et n'en diffère que par la continuité de sa tige au-dessus du deuxième étage.

Sa formation est la même jusqu'au moment où elle arrive à la deuxième série. En effet, dans l'U superposé, on taille la tige sur deux boutons pour obtenir l'étage supérieur qui n'est composé plus tard que de deux branches; dans la *palmette Verrier,* pour obtenir la deuxième série, on taille la tige à 0^m30 sur trois boutons, dont l'un est situé à la partie supérieure pour le prolongement de la tige et les deux autres sont placés de côté pour la formation des deux branches nouvelles.

Il faut que le premier étage soit parfaitement constitué avant d'obtenir le deuxième, qui ne s'établit que la quatrième année, généralement après le recépage, à moins de circonstances exceptionnelles, lorsque, par exemple, les arbres sont excessivement vigoureux.

On peut toutefois obtenir le premier étage à 0^m25 ou 0^m28 du sol et on lui fait prendre sa direction verticale à 0^m60 ou 0^m70 de la tige, selon que l'on aura planté à 1^m50 ou à 1^m75.

Cordons obliques simples

Les cordons obliques simples sont très répandus, et conviennent très bien aux poiriers. Cette forme a pour avantage que l'on peut allonger la taille des rameaux terminaux en les taillant plus longs que ceux des formes verticales.

Distance de plantation

La distance à observer est de 0^m50 environ, en supposant une élévation de mur de trois mètres, afin de pouvoir faire obtenir à chaque arbre une longueur de 3^m80 à 4 mètres, ce qui n'est pas exagéré, surtout si les arbres sont plantés dans un sol riche et substantiel.

Il est nécessaire que les branches aient entre elles une distance de 0^m30 à 0^m35.

On commence la plantation du côté du mur où les arbres sont inclinés.

Exemple. — Si l'on a devant soi un mur à planter, et que l'on veuille incliner les arbres sur la droite, le point de départ de la plantation se prendra vers cette extrémité du mur.

On sait que le dernier arbre d'une ligne oblique forme un demi-éventail ou la moitié d'un candélabre à ligne oblique, afin que cette partie du mur soit garnie.

On détermine sur le mur une ligne ayant 45 degrés d'inclinaison ; la base de cette ligne sert de point de départ. On mesure ensuite de ce point à l'autre extrémité du mur la longueur de la ligne de plantation ; en la divisant par la distance à observer, on se rendra compte de la quantité d'arbres nécessaires, et il ne sera pas difficile après de connaître exactement la distance qui doit être observée entre tous.

Mode d'inclinaison sur un terrain plat

On donne aux arbres qui sont plantés dans un terrain plat une inclinaison de 45 degrés et autant que possible du côté du midi, parce que le soleil, attirant toujours vers lui les parties vertes, facilitera leur développement.

Sur un terrain en pente

Si le terrain à planter est en pente, on donnera aux arbres la direction du sommet de la pente ; si on faisait l'inverse, les productions fruitières établies à la base et sur la partie supérieure de l'arbre, deviendraient gourmandes et feraient un embarras constant pour le cultivateur.

Remarque. — Il arrive quelquefois que les arbres destinés à former des cordons obliques simples, etc., sont plantés dans un sens incliné (racine et tige); il sera bien préférable de les planter verticalement.

Du recépage

Un an après la plantation, les jeunes sujets sont coupés à une hauteur de 0^m20 environ, pour faciliter le développement d'un bourgeon vigoureux favorablement placé à la hauteur de 0^m15 ou 0^m18 du sol.

Ébourgeonnement

On pratique l'ébourgeonnement sur toutes les productions inutiles jusqu'à la hauteur de 0^m15 à 0^m18 ; on aura ainsi un petit tronc assez élevé qui donnera un certain cachet à cette forme.

A cette hauteur, on fait le choix d'un bourgeon vigoureux placé du côté où l'on fait l'inclinaison, et, lorsqu'il est palissé, on ébourgeonne et pince les quelques bourgeons extrêmes.

Palissage

Le bourgeon choisi est incliné sur une baguette placée à cet effet, inclinée comme nous l'avons dit ; on surveille l'accroissement de chacune de ces productions, et s'il se développe sur elles quelques bourgeons anticipés, ils seront pincés à trois ou quatre feuilles le plus.

Première taille des rameaux terminaux obliques

En principe, les productions obliques sont taillées plus longues que les verticales. On prend pour base de rejeter dans celles-là le tiers de la végétation d'une année.

Si cependant, les rameaux terminaux sont développés faiblement, et que leurs boutons latéraux soient bien prononcés, il m'arrive quelquefois de ne pas les tailler ou du moins très peu.

De même, dans les espèces à boutons très accentués, presque aiguillonnés, je ne retranche qu'une petite partie tout à fait infime de l'extrémité terminale. Ces espèces sont : Les Doyenné d'hiver, les Beurré d'Amanlis, les Curé, les Triomphe de Jodoigne, les Beurré d'Arembergt, Madame Hutin, les Bési d'Héry, etc., que nous retrouverons au tableau des espèces à tailler longues et courtes.

Pincement

Il est essentiel de surveiller les bourgeons proprement dits qui se trouvent placés sur la partie supérieure de chaque branche oblique, et surtout ceux qui avoisinent le terminal. On aura le soin, lorsqu'ils seront à l'état herbacé, de les pincer sévèrement à quelques feuilles, en observant toutefois certaines exceptions pour les espèces déjà citées, telles que les Beurré Diel, les Bon Chrétien, les Beurré Six, les Blood Good, les Doyenné Defais, etc.

Cordons obliques doubles

Les cordons obliques doubles diffèrent du système précédent, dans ce sens qu'ils sont composés de deux branches parallèles entre elles (une inférieure et une supérieure); il y a plus de difficultés à vaincre que dans les cordons obliques simples. Ils se conviennent également très bien le long des murs d'une assez grande élévation, parce que les branches peuvent prendre de l'étendue.

Distance de plantation

La distance à observer entre les cordons obliques doubles est de 0^m80 à 0^m85, pour un mur ayant de 2^m80 à 3 mètres.

Mais, s'il s'agissait de garnir un mur bien moins élevé et que l'ont tînt absolument à planter en oblique le long d'un mur ayant 2 mètres de hauteur et même moins, on planterait à un mètre, parce que si on incline deux branches l'une sur l'autre, l'intervalle qui existe entre elles diminue d'autant plus qu'elles se rapprochent du sol. Or, comme il faut que cet intervalle n'ait pas moins de 0^m30 et que les branches doivent avoir une fois inclinées une longueur de trois mètres, on comprend que, si on n'éloignait pas la distance de plantation, nous ne pourrions en même temps conserver l'intervalle nécessaire, ni donner aux arbres une longueur telle que leurs productions puissent parfaitement élaborer la sève des racines; sans cela, il est inutile de songer à la fructification.

Du recépage

Le recépage se fait à vingt et quelques centimètres du sol, afin d'obtenir, comme dans les obliques simples, les premières sous-mères à 0^m15 ou 0^m18 du sol et avoir un bourgeon supérieur qui formera plus tard la deuxième branche de l'arbre.

Ebourgeonnement. — A la hauteur de 0^m18 à 0^m20, on choisit les deux bourgeons utiles pour la charpente, les autres disparaissent.

On incline le bourgeon inférieur sur le treillage à 45 degrés environ; le bourgeon supérieur est palissé en sens opposé de celui-là, soit verticalement ou obliquement, et pincé pour la première fois à 0^{m}25 environ, à moins qu'il ne soit d'une vigueur telle qu'on puisse le pincer plus court.

On palisse au fur et à mesure du besoin.

Première taille d'hiver

A la première taille d'hiver, il est urgent de favoriser le développement de la première branche sous-mère inférieure en ne taillant qu'à une quinzaine de centimètres le rameau supérieur qui est destiné plus tard à former la branche supérieure; pour cette branche inférieure, on appliquera la même taille qui est employée pour les cordons obliques simples.

On ne permettra à la production supérieure de se développer librement que lorsque l'inférieur aura trois années d'existence; pendant ce temps, il est vrai qu'elle est bien taillée dans une certaine mesure, mais il faut que la partie basse soit aux deux tiers de son parcours pour compléter la forme de l'arbre.

Formation du premier sujet pour les lignes obliques

Le point de départ d'une ligne oblique forme toujours une demi-palmette simple. L'arbre qui doit prendre cette forme sera taillé pour ainsi dire à la même hauteur que ceux du reste de l'espalier; et, lorsque la première branche sous-mère aura deux années d'existence, on reprendra chaque année sur la tige un nouvel étage de branches.

Par ce moyen, le mur se trouve parfaitement garni.

Remarque. — On aura le soin de planter aux deux extrémités du mur deux sujets d'espèces vigoureuses, puisque les arbres ont à garnir et à remplir les deux tiers de la surface du mur de plus que leurs voisins. Il serait fâcheux, en effet, de voir l'encadrement d'un mur à forme oblique dégarni, faute d'avoir planté un arbre vigoureux.

Du poirier en colonne

La forme en colonne est employée généralement pour les les jardins de peu d'étendue. Les arbres soumis à cette forme prennent un diamètre très restreint; il s'en suit donc qu'ils peuvent être plantés plus près les uns des autres. On a ainsi l'avantage de réunir dans un jardin d'une moyenne étendue, une assez grande quantité de variétés de poiriers.

La forme en colonne porte ce nom, parce que l'arbre qui y est soumis ressemble absolument à une colonne, lorsque toutefois il est complétement formé. Dans sa jeunesse, il est un peu plus large à sa base qu'à son sommet. Cependant il y a une différence de la base avec l'extrémité.

Cet arbre est composé d'une tige proprement dite, qui donne naissance chaque année à de petites productions latérales, lesquelles proviennent de boutons latéraux de la tige.

On distingue dans cette forme, en dehors de la tige :

1° Les petites branches de charpente ;

2° Les rameaux proprements dits ;

3° Les productions fruitières ou coursonnes.

Distance de plantation

On peut planter les arbres, sur la ligne, de 0^{m}80 à 1 mètre et, entre les rangs, à 1^{m}50, ce qui permet le libre passage de la lumière.

Première taille

On ne taillera pour former la colonne qu'un an après la plantation.

Si l'arbre qui est destiné à prendre cette forme est assez ramifié, on peut en le plantant simplifier la longueur de ses rameaux ; l'année suivante, à la taille, on peut les utiliser s'il ne sont pas trop vigoureux. Il ne faut les tailler qu'à quelques boutons et supprimer la moitié de la hauteur de l'arbre, c'est-à-dire depuis la greffe jusqu'au sommet de la tige.

Si, au contraire, l'arbre ne possède aucune bonne production, il est beaucoup plus sage de les faire disparaître en taillant sur les boutons stipulaires, et de tailler la tige à la moitié de sa hauteur.

Opérations d'été après la première taille

Les bourgeons qui se développent sur tout le périmètre de la tige sont soumis à l'ébourgeonnement, du moins quelques-uns d'entre eux.

On commence par supprimer ceux qui croissent depuis le sol jusqu'à 0^m15 ou 0^m20 de hauteur, on conserve les autres, mais encore du moins dans une certaine mesure ; car il ne faut pas qu'il y ait de confusion dans leur ensemble, il est nécessaire au contraire qu'un espace convenable soit laissé afin que la lumière y circule librement. Il arrive quelquefois que deux bourgeons naissent d'un même point ; il faut donc, lorsque ce cas se présentera, en supprimer un, tout en conservant le mieux placé, celui qui pourrait enfin combler un vide.

Premier pincement des bourgeons latéraux

Tous ces bourgeons, ainsi établis autour de la jeune tige, sont destinés à former des petites branches latérales, qui elles mêmes porteront les petits rameaux à fruits.

Il ne faut pas perdre de vue que la colonne n'a à sa base et à sa formation que de 0^m30 à 0^m60 de diamètre, à moins d'avoir à diriger dans ce système des espèces d'une vigueur extrême qui ne pourraient évidemment fructifier que par l'élongation des productions.

Il est essentiel de ne pas laisser développer trop librement ces bourgeons latéraux ; car, s'ils devenaient trop vigoureux, il serait difficile en les taillant très courts d'obtenir la mise à fruits. Il faudra employer nécessairement le pincement et l'appliquer à peu près en général, sauf le cas de faiblesse des productions.

On les pincera donc à une longueur de 0^m15 ou 0^m20 au plus. Dans le voisinage de la tige, les bourgeons seront pincés à 0^m10 ou 0^m12, et autant que possible lorsque ces productions seront à l'état herbacé ; mais si les bourgeons étaient ligneux ou d'espèces vigoureuses, leur pincement se ferait à 0^m25 ou 0^m30. La tige sera laissée intacte ; car c'est sur elle qu'il faut compter pour donner de la vigueur à l'arbre.

Si un pincement ne suffit pas pour arrêter la croissance des bourgeons latéraux, un second sera utile et se fera à trois ou quatre feuilles au-dessus du précédent.

Deuxième taille du poirier en colonne

A la deuxième taille, le jeune arbre est composé de petits rameaux longs de 0^m20 environ sur lesquels on aperçoit d'une façon très apparente des boutons (suite des pincements de l'été précédent).

On taillera généralement ces petits rameaux pour la première fois à quatre boutons à bois bien prononcés ; les petites brindilles ne seront pas taillées, leur bouton terminal sera supprimé, les forts rameaux environnant la tige seront taillés très sévèrement ou coupés sur la couronne.

Deuxième taille sur la tige

Le prolongement de la tige sera taillé approximativement

vers la moitié de son étendue ; cependant, si cette tige s'était développée avec vigueur, on pourrait craindre qu'une taille démesurée ne contribuât à l'engourdissement des boutons latéraux inférieurs par suite du manque de sève nécessaire à leur développement. Il s'en suivrait donc qu'on aurait un vide assez prononcé dans les productions de la charpente, nécessitant certaines opérations, telles que les entailles ou la pose de boutons.

Dëuxième opération d'été

Les rameaux latéraux qui ont été taillés l'hiver précédent, ont pris le caractère de petites branches de charpente ; c'est qu'en effet, au printemps, on voit apparaître sur elles des rameaux à fruits (dards) et quelques bourgeons proprement dits qu'il importe de ne pas laisser croître outre mesure ; on les pincera à l'état herbacé, à quatre ou cinq feuilles, selon les variétés.

Les bourgeons terminaux de chaque petites branches seront également pincés à une vingtaine de centimètres. Par ce moyen, les petits rameaux à fruits en formation sur leur étendue recevront une certaine somme de sève, et, en même temps, chaque petite branche n'en reçoit ainsi que ce qui lui en faut pour se maintenir dans une vigueur moyenne.

Le pincement des bourgeons placés sur le périmètre de la jeune tige sera fait comme il a été dit plus haut.

Troisième taille d'hiver

A la troisième taille d'hiver, les rameaux terminaux des petites branches de la charpente seront taillés à quelques boutons ; les rameaux proprement dits trop vigoureux, placés sur ces branches, seront taillés sur la couronne afin d'obtenir d'autres productions moins fortes, portant des boutons stipulaires.

Exception. — Si dans les colonnes, quelques variétés se développaient vigoureusement, on donnerait aux terminaux une taille en rapport avec leur vigueur. Il y en a que je traite chaque année; au bout de trois ans, ces petites branches se sont allongées de 0^m30 environ, et plus tard mes colonnes ont acquis un diamètre de 0^m70.

Si on trouve des rameaux anticipés sur les tiges, et principalement dans le voisinage de la coupe, il est plus sage de les supprimer sur les yeux stipulaires.

On continuera de cette sorte à élever son arbre. L'opérateur sera donc guidé par la vigueur du sujet qu'il dirige, et lorsque la végétation sera moins active, il taillera d'une façon plus restreinte les rameaux ainsi que la flèche.

De la forme en fuseau

Le fuseau est une des formes les plus petites en diamètre. Il se compose d'une tige proprement dite, sur laquelle naissent chaque année, en faisant des tailles successives, des petits rameaux à fruits partant directement de la tige ou de petits rameaux proprement dits qui sont soumis au cassement.

En somme, cette forme a tout l'aspect d'une branche latérale de poirier en pyramide que l'on aurait détachée de sa tige et implantée dans le sol.

Les productions fruitières y reçoivent les mêmes soins; cependant, quand l'arbre pousse beaucoup, on peut laisser sur ses coursonnes plus de lambourdes que dans la pyramide.

Taillé de la tige

Elle se taille chaque année à moitié de la pousse dans les espèces vigoureuses; on n'en supprime que le tiers dans les espèces moyennes, et, lorsque la tige est faible, on la laisse intacte.

Distance de plantation

On peut planter sur la ligne de 0ᵐ50 à 0ᵐ80, et à 1ᵐ30 environ entre les lignes.

Observation. — On voit que je mets une distance assez grande, de 0ᵐ50 à 0ᵐ80, en voici le motif : les sols n'étant pas les mêmes, si on plante trop près dans un terrain peu généreux, les sucs du sol seront vite épuisés ; si au contraire on plante trop loin dans les sols riches, les arbres n'ayant qu'une petite charpente à nourrir, se développeront avec une grande vigueur, de là, il s'en suit que ces arbres sont stériles.

Il est bon de remarquer qu'autant que possible, on choisira de préférence pour la forme en fuseau les variétés les moins vigoureuses, celles qui d'ailleurs ne peuvent arriver à produire d'autres formes avec avantage.

Forme en vase ou gobelet

Le poirier en forme de vase ou gobelet présente un diamètre de 2 mètres et autant d'élévation, sa charpente est formée de vingt branches.

Il y a deux sortes de vase : l'un à branches croisées et l'autre à branches verticales.

Vase à branches croisées

Formation. — *Recépage* (un an après la plantation). — Le recépage se fait environ à 0ᵐ40 du sol, afin de faire développer cinq bourgeons qui devront être pendant l'été parfaitement équilibrés. Il est bien entendu que l'ébourgeonnement doit être fait à temps, ce qui permettra de former notre groupe principal de bourgeons à 0ᵐ25 du sol environ.

Prémière taille dès cinq rameaux
de la charpente

Le but de la taille faite sur les cinq rameaux formés est d'obtenir de chacun d'eux une bifurcation ; pour arriver à cela, on les taillera à 0ᵐ40 de la base sur deux boutons placés de côté, ce qui nous donnera dix rameaux.

A ce moment, il est bon de fixer au pied de l'arbre un cerceau maintenu horizontalement par quelques piquets fichés en terre ; ce cerceau pourra être placé de 0ᵐ20 à 0ᵐ25 du sol et avoir un diamètre de 0ᵐ60 à 0ᵐ70.

Son but. — Il servira de point d'appui pour abaisser les productions de la charpente sur l'angle de 25 à 30 degrés.

Deuxième taille des dix rameaux
de la charpente

Lors de la deuxième taille, chacun des dix rameaux est taillé à environ 0ᵐ30 de leur base, afin d'obtenir une deuxième bifurcation. On aura le soin de bien distancer chacune de ces productions et de les dresser, s'il y a lieu, sur des baguettes ou tuteurs placés à cet effet. L'été suivant, les vingt branches de l'arbre seront obtenues.

Au printemps, avant le développement des dix derniers rameaux, on aura le soin de disposer la cage qui servira de moule à l'arbre.

On emploie pour cela des cerceaux, des supports en fer au nombre de six ou huit par vase sur lesquels sont attachés les cerceaux ; on dresse ensuite un losange avec des tuteurs bien droits, la base de ces tuteurs correspondant exactement aux branches qui doivent y être palissées, l'une à droite et l'autre à gauche.

Si on ne peut employer le fer, qui est bien le plus propre

des tuteurs, on se servira de pierres d'ardoises, telles que nous en avons en Anjou, ou, à défaut, des perches de châtaignier.

Troisième taille des branches
de la charpente

A la troisième taille, chacun des vingt rameaux est taillé aux deux tiers environ de sa longueur, et ainsi de suite chaque année.

On aura le soin de greffer en approche les branches à leur point de rencontre, soit à l'état herbacé ou ligneux, mais surtout de ne pas attendre que les branches aient un trop fort diamètre.

Remarque. — Il ne faut pas laisser croître de coursonnes dans l'intérieur du vase ; sur les branches principales, leur position inclinée ne donnerait que des productions stériles et trop vigoureuses qui nuiraient à la santé de l'arbre.

Vase à branches verticales

Dans les vases à branches verticales, on obtient la même quantité de branches que dans la forme précédente, en employant les mêmes procédés, et lorsqu'elles sont obtenues, elles poursuivent leur marche verticalement et sont palissées sur des tuteurs établis à une distance égale sur le périmètre à 0^m30 environ.

Chaque année, au moment de la taille, les rameaux terminaux sont taillés à la moitié de leur longueur, soit 0^m40 environ, selon les espèces, et cette élongation annuelle diminue d'autant plus que les branches approchent de leur formation complète.

Tailles successives des productions fruitières ou coursonnes du poirier

Avant de traiter directement de la taille des productions fruitières du poirier, il est bon d'énumérer les différentes sortes de boutons que nous trouvons sur elles, de connaître leur utilité et de savoir quelles sont ces petites productions inutiles pour la fructification, qui apparaissent chaque année sur ces coursonnes.

DES BOUTONS A BOIS SELON LA PLACE QU'ILS OCCUPENT

Les boutons à bois portent les noms suivants : boutons stipulaires, boutons latents, boutons latéraux, boutons terminaux, boutons supérieurs, boutons inférieurs.

Les boutons stipulaires sont ceux qui sont placés de chaque côté de l'empâtement d'un rameau ou d'une branche.

Les boutons latents sont ceux qui étant formés depuis longtemps n'ont jamais reçu assez de sève pour se transformer en bourgeons; on facilite leur évolution par une taille courte.

Les boutons latéraux sont ceux qui sont placés de chaque côté d'un rameau.

Les boutons terminaux sont ceux qui sont placés à l'extrémité d'un rameau ou d'une branche.

Rameaux à fruits

Les rameaux à fruits du poirier se divisent en deux groupes bien distincts :

Le premier groupe est formé de petites productions âgées d'un à quatre ans et qui sont surnommées dards.

Des dards. — Le dard est le rameau à fruit dans son état primitif; il est destiné à donner naissance au bouton à fleur, et cela après un ou deux ans d'existence et quelquefois davantage.

Les dards sont souvent à leur début très petits, c'est pourquoi ils sont parfois assez longtemps à se porter à la fructification.

Aussi, dans les arbres improductifs, n'est-il pas rare de trouver chaque année de ces productions excessivement vieilles, qui perdent une rosette de feuilles pour en reformer une nouvelle; il en est de même de ces dards qui semblent vouloir se couronner l'année suivante; ils s'allongent de quelques millimètres et sont toujours improductifs.

On ne peut donc pas toujours dire que les dards se couronnent la deuxième ou la troisième année de leur formation, car en voilà un exemple qui heureusement fait exception à la règle générale.

Nous verrons plus loin, ce qu'il y a de mieux à faire pour obtenir de ces arbres une fructification raisonnable.

Du Bouton à fleur ou Lambourde

Comme nous venons de le voir, les boutons à fleurs prennent tout d'abord le caractère de dard, puis, lorsqu'ils ont absorbé assez de sucs nutritifs, se couronnent, c'est-à-dire qu'ils ont un aspect tout à fait différent; ils sont plus gros, plus allongés selon certaines espèces, leurs écailles ont changé de teintes, en un mot, ils possèdent en eux-mêmes le germe d'une floraison future.

La lambourde du poirier apparaît quelquefois sur des rameaux âgés seulement d'une année, c'est une exception à la règle, et aussi un signe de fertilité chez les espèces qui les produisent, à moins que ce ne soit l'effet d'un état maladif d'une branche quelconque.

La lambourde du poirier naît quelquefois directement sur les branches de charpente de boutons latéraux, très souvent même sur des rameaux que nous appelons rameaux proprement dits.

Nous allons étudier la formation de cette production sur ces rameaux, nous suivrons pas à pas leur formation, car de là dépend la fructification.

Les rameaux proprement dits du poirier étaient l'année de leur développement des bourgeons proprement dits, mais qui ont été pincés à cinq ou six feuilles, comme nous avons déjà pu le voir.

Remarque. — Quelques habiles praticiens pincent ces jeunes bourgeons à trois feuilles bien prononcées et à l'état herbacé ; les boutons de la base se portent vivement à l'état de dard, puis ils font un second pincement à deux feuilles au-dessus du premier. J'emploie aussi ce procédé dans beaucoup de variétés.

Nous prendrons comme exemple, une branche de charpente et nous admettrons qu'il y ait sur elle des rameaux différents comme force. Dans un grand nombre d'espèces, nous trouvons à certaines branches des rameaux longs de cinq à six centimètres (petits et grêles), pourvus à leur extrémité d'un œil de pousse parfaitement prononcé; à la taille, on supprimera cet œil ou bouton. Au printemps suivant, la sève se divisera latéralement au profit des boutons latéraux et les facilitera à se transformer à l'état de dard.

Dans beaucoup de variétés, on rencontre encore des petits rameaux à boutons bien prononcés, productions plus longues que la précédente, c'est la *ramille*.

Dans certaines variétés, en taillant ces ramilles à cinq ou à six boutons, on obtient d'excellents résultats, telles que dans le Besi d'Héry, le Besi des Vétérans, le Beurré d'Arenberg même.

Le rameau proprement dit est d'autant plus facile à faire fructifier qu'il n'est pas trop vigoureux.

Du Cassement

Les rameaux sont soumis au cassement, c'est-à-dire qu'ils sont rompus avec la lame de la serpette à quelques millimètres au-dessus du bouton sur lequel on doit pratiquer la taille.

Les rameaux proprement dits sont, en général, cassés à trois ou quatre boutons bien formés; je dis bien formés parce qu'il existe à leur base un ou deux boutons très peu prononcés qui pourront plus tard se développer en petites productions.

BUT DU CASSEMENT

Si les rameaux du poirier étaient abandonnés à eux-mêmes ou taillés sans discernement à des longueurs démesurées, la sève se porterait au sommet de ces productions, faisant naître ainsi aux extrémités des boutons à fleurs.

Or, il est de toute nécessité, pour avoir de beaux et bons fruits, qu'ils soient attachés le plus près possible des branches de charpente sur de petites productions, appelées coursonnes, qui ne sont elles-mêmes que d'anciens rameaux proprement dits ayant subi le cassement primitif à plusieurs boutons.

Après ce cassement, lorsqu'arrive le printemps, la sève s'élance vers les boutons du rameau ainsi opéré, se porte avec plus de force vers le bouton extrême et le fait généralement transformer à l'état de bourgeon; quelquefois même, celui qui lui est immédiatement inférieur, ce qui arrive principalement sur des productions vigoureuses, subit la même transformation. Les autres boutons inférieurs passent à l'état de petits dards.

Il en résulte que, dans beaucoup d'espèces ayant les boutons bien accentués, il est préférable de tailler les rameaux proprement dits à quatre boutons qu'à trois.

PARTICULARITÉS SUR LES RAMEAUX PROPREMENT DITS RELATIVEMENT A CERTAINES ESPÈCES

Certaines variétés de poiriers ne possèdent pas de boutons à la base de leurs rameaux, il est donc de la plus haute utilité d'y prendre garde lors de la taille; car sans cela, on s'apercevrait au printemps suivant de la faute commise, le rameau ainsi cassé trop court ne produit plus rien; on est alors heureux de trouver les boutons stipulaires comme dernière ressource.

Des Rameaux proprement dits situés près des rameaux terminaux

En général, les rameaux proprement dits situés près des rameaux terminaux sont taillés sur la couronne, pour être ensuite remplacés par les boutons stipulaires; leur position, relativement à la taille précédente de la branche sous-mère, les rend souvent très vigoureux, surtout s'ils n'ont pas subi de pincements sévères dès le début de leur formation.

Du Cassement partiel à la base des rameaux

Quelquefois, lors de la taille d'hiver, certains rameaux proprement dits, qui ont été pincés trop tardivement l'été précédent, sont trop vigoureux pour pouvoir espérer d'eux une prochaine mise à fruit; il s'en suit que l'opérateur se trouve entre deux alternatives : retrancher ces rameaux sur leur empâtement, ou les tailler sévèrement à un ou deux boutons à bois, en ayant la conviction de ne laisser sur eux au printemps prochain, rien qu'un seul bourgeon qui sera pincé très sévèrement.

On peut craindre, si ces rameaux sont éloignés de l'extrémité des branches de charpente, qu'en les taillant sur les boutons stipulaires, ceux-ci ne se développent pas, et par suite laissent un vide parmi les coursonnes.

Il m'arrive quelquefois, en pareil cas, de casser ce rameau à trois ou quatre boutons, puis de le recasser vers son empâtement dans la moitié de son diamètre. Cette méthode me réussit généralement; il se produit ceci, les boutons stipulaires se développent le plus souvent par suite de l'abondance de sève qui se trouve attirée vers eux. Il y a fatigue dans l'organisme, les rameaux à fruits apparaissent dans le courant de l'été suivant; si le résultat est négatif, on se retranchera sur les boutons stipulaires, qui seront à ce moment à l'état de dards.

Du Pincement

PREMIÈRE OPÉRATION APRÈS LE CASSEMENT

Au printemps suivant, les petites productions dont nous venons de nous entretenir et qui sont à proprement parler des coursonnes, deviendraient excessivement vigoureuses et leur mise à fruits serait beaucoup plus difficile, si elles étaient abandonnées à elles-mêmes pendant toute la belle saison ou si elles recevaient des soins trop tardifs.

Effets du premier cassement

Le bouton le plus rapproché du cassement se développe presque toujours en bourgeon; les deux ou trois autres boutons se transforment en petits dards d'autant mieux constitués qu'ils sont plus prêts du sommet. Le bourgeon terminal de chacune de ces coursonnes tend, selon la position de celles-ci, à devenir plus ou moins vigoureux; en le laissant abandonné à lui-même, la sève sera fortement appelée sur chacune de ces productions, et il sera à craindre qu'elles ne pennent un trop fort empâtement sur la branche sous-mère.

On sait qu'une coursonne se portera d'autant plus à fruits

qu'elle sera d'une force moyenne ; il est donc urgent d'arrêter la marche de la sève sur chaque bourgeon terminal, en pinçant chacun d'eux à une longueur que nous allons déterminer.

LE PINCEMENT NE DOIT PAS ÊTRE UNIFORME SUR TOUTES LES COURSONNES

Le résultat du cassement n'étant pas le même sur toutes les coursonnes, il s'en suit que les productions fruitières ou dards sont plus ou moins bien constituées; de leur force dépend leur mise à fruits dans un laps de temps plus ou moins restreint. En conséquence, lorsque les coursonnes dont les petits rameaux à fruits sont petits, auront leur rosette de feuilles peu accentuée, leur bourgeon terminal sera pincé plus court, soit à trois ou quatre feuilles bien développées; si, au contraire, les dards sont bien nourris, le pincement se fera de cinq à sept feuilles (dix à douze centimètres environ).

Dans le pincement court, à quelques feuilles seulement, notre but est d'attirer vers les rameaux à fruits en formation une somme de sève nécessaire pour les transformer le plus vivement possible à l'état de *lambourdes*.

En pinçant trop long le bourgeon terminal, la sève s'éloigne davantage de ces organes, qui sont alors bien moins favorisés.

Dans le dernier cas *(dards bien formés),* le pincement est plus long, afin de ne pas faire de secousses dans leur système d'absorption, tâchant ainsi de ne faire donner à chacune de ces productions que le degré de sève qui lui est nécessaire pour se transformer lentement à l'état de lambourde. Un pincement plus sévère pourrait entraîner ces petites productions à l'état de bourgeon.

Si ceci arrivait, chose qui n'est pas rare, il faudrait aussitôt tailler sur le bourgeon inférieur et le soumettre lui-même à un pincement ; nous perdons ainsi deux années pour la fructification d'une production semblable.

Il est bon d'observer que, lorsqu'un dard s'est transformé en bourgeon, on obtient quelquefois un bon résultat en pinçant cette jeune pousse sur les folioles de la base ; cette opération se fait, bien entendu, lorsque la variété possède des yeux à l'aisselle des folioles.

Un deuxième pincement est souvent nécessaire.

Trois semaines ou un mois après cette opération, on voit apparaître un ou deux bourgeons anticipés à l'extrémité des bourgeons, lorsqu'ils ont atteint une longueur de huit ou dix centimètres, on pince chacun d'eux à trois feuilles environ au-dessus de leur naissance, ou encore on se rapproche sur le bourgeon inférieur, lequel est pincé lui-même à quelques feuilles. On peut encore pincer sur les folioles le bourgeon inférieur, et faire le pincement sur le supérieur.

La sève se reporte au sommet de ces jeunes parties anticipées en ne portant ainsi aucun désordre sur les organes inférieurs.

DEUX BOURGEONS NAISSENT QUELQUEFOIS AU SOMMET DES PRODUCTIONS SOUMISES AU CASSEMENT

Lorsque ceci se présente, les coursonnes ne portent plus qu'un seul dard ou rameau à fruits ; nous sommes là en présence de deux systèmes adoptés généralement.

Le premier consiste à se rapprocher en vert sur le second.

Le second à conserver ces deux jeunes pousses au-dessus de la ou des productions fruitières. En pareil cas, qu'elle doit être la ligne à suivre ?

Je l'ai déjà dit, dans la taille, les cas sont tellement différents que tel principe est bon à employer ici et non là. Je vais cependant chercher à mettre un peu de lumière sur ce point.

On fait le rapprochement en vert sur une coursonne excessivement vigoureuse, car en laissant sur elles deux bourgeons, l'élaboration de la sève serait trop grande sur cette partie fruitière ; elle deviendrait tellement vigoureuse que son empâtement trop considérable nuirait sensiblement à sa mise à fruits, si surtout cette coursonne possède également un petit rameau à fruits qu'il est nécessaire de protéger.

D'un autre côté, si on a une coursonne d'égale force et qu'il y ait sur elle deux rameaux à fruits bien constitués, il serait imprudent de supprimer d'une seule fois le bourgeon supérieur de la coursonne ; par ce fait, les productions recevraient trop de sève dans un moment donné, et leur évolution en bourgeon serait à craindre. Plus tard, lorsque la sève sera moins fougueuse, on pourra ne laisser rien qu'une seule pousse, la pincer un peu longue, ou laisser les deux à une longueur d'une dizaine de centimètres.

On conserve généralement les deux jeunes pousses sur des coursonnes moyennes, dans l'état normal des productions, et ces deux bourgeons sont pincés en raison de la constitution des productions fruitières.

Deuxième taille des productions fruitières du poirier

Lors de la deuxième taille des coursonnes, on remarque que celles-ci sont pourvues de petits rameaux à fruits, comme nous venons d'ailleurs de le voir, et que quelques-unes même, seulement dans les variétés fertiles, ont des boutons à fleurs. Nous allons d'abord nous occuper de cette dernière catégorie.

Lorsque quelques boutons apparaissent sur les coursonnes, il faut tailler celles-ci sur leur bouton à fleur, en supprimant le ou les rameaux placés au-dessus.

BUT DE CETTE OPÉRATION

Cette opération a pour but de concentrer la sève vers la lambourde qui est appelée à donner d'abord les fleurs et les fruits; elle a encore pour but de favoriser le développement d'autres organes restés, soit à l'état latent, ou mal constitués, qui se trouvent placés à la base de la coursonne, et enfin de retenir la marche de la sève tout près des branches sous-mères, principe essentiel pour obtenir de beaux et bons fruits et conserver les coursonnes.

Si, au contraire, on laissait sur chaque production ainsi établie un ou deux rameaux au-dessus des boutons à fleurs, la sève se porterait avec force vers l'extrémité et se dépenserait follement sur des productions inutiles au préjudice des fruits. Il s'en suivrait que de nouvelles ramifications fruitières se formeraient au sommet des coursonnes, et que la sève en abandonnant la base, faciliterait l'élongation des petites branches fruitières qui plus tard deviendraient stériles ou ne donneraient comme fruits que des produits détestables.

TAILLE DE COURSONNES NE POSSÈDANT QUE DES DARDS ET POURVUES DE RAMEAUX TERMINAUX

Lorque ceci se présente, il est de la plus grande utilité de laisser au-dessus des petits rameaux à fruits un petit rameau proprement dit pour protéger ces jeunes productions.

Du rameau d'appel

On donne ce nom à ce petit rameau proprement dit dont je viens de parler. Supposons que nous ayons à tailler une coursonne pour sa deuxième fois, et que le cassement précédent ait donné de bons résultats, soit deux ou trois dards bien prononcés et un rameau proprement dit; cette dernière production sera taillée ou pour mieux dire cassée sur deux ou trois boutons que nous appellerons désormais *rameau d'appel*. En le taillant ainsi, il sert de modérateur à la sève, car au printemps suivant il donne naissance à un ou deux bourgeons proprement dits, qui sont pincés, comme nous l'avons déjà fait pressentir, à une longueur déterminée par la force des rameaux à fruits.

Si ce rameau d'appel n'existait pas, il serait à peu près certain que les jeunes productions fruitières, recevant dès le début de la végétation beaucoup trop de sève, se transformeraient à l'état de bourgeons.

Exception. — Il est inutile de laisser cette petite production sur des coursonnes qui ont été taillées l'année précédente, à cinq ou six boutons, comme dans les Besi d'Héry, ainsi que les ramilles du Beurré Six, et qui ont produit cinq rameaux à fruits; car, lorsqu'il y a sur une coursonne quatre ou cinq de ces rameaux, je ne vois guère l'utilité d'employer ce moyen.

DES COURSONNES DONT LE PREMIER CASSEMENT A PRODUIT DES EFFETS NULS

Il n'est pas rare de voir, dans certaines variétés de poires, que le premier cassement n'a donné pour résultat que le développement d'un rameau extrême, situé près de la partie coupée ou cassée. Ceci tient à deux causes bien distinctes qu'il est essentiel d'énumérer.

Certaines variétés ont leurs boutons à bois très mal constitués et avec cela le mérithale excessivement rapproché, il s'en suit que, souvent sans y faire attention, leurs petits rameaux proprement dits sont taillés à cinq ou six boutons à bois. Or, je viens de dire qu'ils sont peu apparents, il faut donc à la sève une puissance double, étant donné le caractère de constitution de tant d'autres variétés. Il en résulte que le fluide organisateur se porte d'un seul jet sur le bouton extrême et le fait transformer en bourgeon; la sève continue sa marche vers cette production, ne s'inquiétant nullement des organes faibles qu'elle trouve sur son passage.

Le même phénomène se produit généralement sur les *brindilles* longues de six à sept centimètres, si on n'a pas le soin de supprimer leur bouton terminal.

De cet état de chose dérive le principe suivant: Tous les

rameaux proprement dits à boutons à bois peu apparents et à mérithalle court, seront taillés généralement très courts, surtout dans les variétés suivantes :

> William,
> Beurré Giffard,
> Beurré de l'Assomption,
> Beurré Bachelier,
> Bonne de Malines,
> Tavernier de Boullongne,
> Bonne d'Ezée,
> Duchesse de Bordeaux,
> Suzette de Bavay,
> Saint-Michel Archange, etc.

Tous les rameaux proprement dits des espèces suivantes seront taillés longs.

> Beurré Six,
> Beurré Diel,
> Beurré d'Arenberg (dans ses ramilles),
> Épargne,
> Bezi d'Héry,
> Bezi des Vétérans,
> Van Mons Léon Leclerc,
> De Curé,
> Doyenné du Comice,
> Bon Chrétien d'Hiver,
> Bon Chrétien d'Auch,
> Blood Good,
> Martin sec.

On reproche quelquefois au Beurré Giffard de ne pas être très productif, et on prétend même qu'il ne fructifie bien que par ses brindilles ; ceci tient à ce que cette espèce a effectivement assez de difficultés à produire sur les rameaux des productions fruitières et que les brindilles sont quelquefois pourvues à leur sommet d'un bouton à fleur. Chaque brindille ainsi laissée, en admettant que le fruit arrive à son but, imprime par sa pesanteur à la petite branche qui la nourrit, une arcure qui facilite ainsi l'émission de nouveaux rameaux à fruits : ceci est un système qu'il ne faut pas toujours rejeter, loin s'en faut, car certaines espèces ne fructifient bien qu'en adoptant ce moyen pendant quelques années.

Est-ce à dire pour cela qu'il faille l'approprier partout ? Non, car on tomberait dans la routine ou dans l'ancien système.

On emploiera donc pour cette espèce un pincement sévère d'abord et une taille d'hiver, comme pour le poirier William ; on aura ainsi des dards qui naîtront facilement à la base des coursonnes.

Lorsque le résultat de la taille sera nul, faute d'avoir taillé trop long, on retaillera au moyen de la serpette ces jeunes coursonnes sur les quelques boutons à bois de leur base. Si, au contraire, on taillait encore le rameau d'appel à quelques boutons, l'action de la sève s'éloignerait sans cesse de la branche de charpente, les coursonnes dépourvues de productions s'épuiseraient assez vivement et porteraient à la longue des boutons à fleurs vers leur sommet ; on sait d'ailleurs ce que seraient ces fruits sur des productions semblables.

Remarque. — Dans la pratique, j'ai observé un fait relativement à la taille de la petite branche fruitière du poirier, et je ne dois pas passer sous silence ce procédé qui m'a presque toujours donné de bons résultats. Je veux parler de la taille des coursonnes qui, ayant été taillées à trois boutons bien formés, n'ont donné pour rendement après le premier cassement qu'un ou deux dards accompagnés de deux rameaux proprement dits et développés au sommet.

La taille usitée généralement sur des productions semblables consiste à retrancher le rameau supérieur sur l'inférieur, lequel est cassé à deux ou trois boutons comme *appel*.

Depuis quelques années, je supprime sur les coursonnes qui n'ont qu'un seul rameau à fruits le rameau inférieur pour revenir sur les boutons stipulaires ; je taille l'autre à quelques boutons, soit deux le plus, et ensuite je fais une petite incision au dessus des boutons stipulaires qui remplacent avantageusement la production fruitière perdue. L'année suivante, nous avons deux dards parfaitement prononcés provenant de cette opération.

Si, au contraire, on se rapproche sur le rameau inférieur et que celui-ci forme un angle avec la coursonne elle-même, il y a arrêt de sève sur ce point, et souvent le dard se développe en bourgeons.

Coursonnes âgées. — Lorsque les coursonnes ont un certain âge, on voit apparaître sur elles chaque année quelques bourgeons placés entre les rameaux à fruits, productions inutiles qu'il faut supprimer dès leur apparition, parce qu'elles intercepteraient les rayons du soleil. On ne laissera donc sur les branches fruitières que les organes destinés à la fructification et un ou deux bourgeons à leur sommet, en exceptant toutefois que, si une coursonne a ses rameaux à fruits très éloignés de la base, il serait bon de conserver un bourgeon vers ce point pour établir plus tard de nouvelles productions qui remplaceraient cette vieille coursonne.

D'après ce que nous venons de voir, dans la taille des coursonnes du poirier, le point essentiel est de tenir très courts ces petites productions et de les tailler en raison des variétés.

Rapprochement des productions fruitières

Après un long exercice, les coursonnes s'allongent outre mesure ; malgré les soins qu'on a pu leur donner, les boutons à fruits ne se forment plus qu'au sommet, tel que dans le *Beurré Diel* et autres.

Chaque année, on rapproche quelques unes de ces petites branches sur les plis ou rides que l'on aperçoit sur elles, et l'année suivante de nouvelles productions naîtront de ces parties ridées. Dans aucun cas, le rapprochement ne produit d'effets que sur les rides bien établies.

De la Bourse

La bourse est cette partie charnue qui a servi d'attaches aux fruits. On remarque sur elles de petits dards et parfois des petits rameaux, source d'une nouvelle fructification.

De la Torsion et de l'Arcure

Ces deux opérations, dont l'une se fait pendant l'été et l'autre pendant l'hiver, s'emploient généralement pour les productions et sur les arbres vigoureux qui ne fructifient pas, malgré les soins qu'on leur a prodigués.

Torsion. — La torsion s'emploie sur des bourgeons très vigoureux, oubliés au pincement; on leur imprime une torsion en les repliant sur eux-mêmes, en commençant à sept ou huit centimètres de leur base, et on incline l'extrémité du bourgeon de haut en bas. La partie soumise à cette opération devient plus languissante par suite des tissus qui sont plus ou moins atteints, les boutons de la base du bourgeon grossissent et finissent par se transformer en dards...

Arcure. — L'arcure est une opération qui se fait pendant l'hiver sur des rameaux vigoureux qui n'ont été ni pincés ni soumis à la torsion. On fait former à chacun d'eux un arc de cercle plus ou moins prononcé en inclinant l'extrémité du rameau vers la base. Cette opération gêne énormément l'action ascendant de la sève, qui agit de haut en bas; deux ans après, une grande partie des boutons sont à fruits.

Rajeunissement des arbres

La taille d'hiver comprend encore deux opérations : le Rapprochement et le Ravalement.

Le Rapprochement est une opération qui consiste à retrancher une certaine étendue des branches de la charpente et de la tige. Elle a pour but : 1° Lorsque les productions fruitières ou coursonnes viennent généralement à s'appauvrir, de leur donner une certaine vigueur, en leur faisant recevoir une somme plus considérable de sève.

2° Lorsque les branches de la charpente ont été taillées outre mesure et que la tige elle-même se ressent de ce vice de formation.

3° Lorsqu'un accident ou une maladie quelconque se présente sur la tige entraînant ou devant entraîner plus tard une partie du sommet de l'arbre à périr.

Dans ce dernier cas, on coupe la tige au-dessous du point malade ; ceci fait, il est évident que les branches de la charpente ne doivent pas rester dans leur longueur ; s'il en était ainsi, la tige aurait beaucoup de difficultés à se reformer, l'aspect de l'arbre serait désagréable, une grande partie de la sève se retrancherait dans les branches latérales qui, par leur longueur, l'attireraient constamment à elles, l'arbre se couronnerait bien vite, c'est-à-dire qu'il manquerait par sa tige.

Pour le Rapprochement des branches de charpente, on se basera sur le principe suivant : en supposant que l'arbre à opérer soit une pyramide à six étage, et que ,d'après l'opération faite sur la tige, on ait supprimé deux étages, on donnera aux branches de la base la même longueur qu'elles avaient lorsque l'arbre n'avait que 4 séries de formées ; il serait même plus prudent de revenir un peu au-dessous de ce point, tout en cherchant cependant sur chaque branche un point bien sain, exempt de nodosité ou de coupe.

Les autres branches seront taillées comme pour la formation en pyramide, selon la ligne oblique, en prenant comme guides deux points extrêmes, la base et le sommet.

A l'extrémité de chaque branche, on fixe un petit tuteur long de 0^m50 à 0^m60, afin de pouvoir palisser les bourgeons terminaux.

Du Ravalement

Le Ravalement est une opération plus sévère, plus radicale que la précédente ; elle consiste à couper chaque branche de charpente à peu de distance de la tige.

Le Ravalement s'emploie pour les arbres qui, quoique jeunes encore, sont privés de coursonnes ou pourvus de productions devenues stériles, soit par la négligence de la personne qui les a abandonnées à elles-mêmes ou par des accidents qui ont rendu l'écorce et l'aubier tellement malades que la sève n'y passe plus qu'avec difficulté.

Opération. — On retranche le tiers ou le quart de la hauteur de l'arbre ; ceci fait, on coupe les branches latérales de la base à 0^m25 ou 0^m30 de leur naissance sur la tige, puis les branches de l'étage supérieur un peu plus sévèrement, à 0^m15 ou 0^m20.

Les branches des autres séries sont ensuite coupées selon la ligne oblique de la base au sommet.

On met un tuteur à chaque branche ou tronçon en commençant de haut en bas, afin de recevoir au printemps les bourgeons terminaux

Opération nécessitée par le ravalement

L'arbre qui est soumis au ravalement donne au printemps une quantité de bourgeons ; il est essentiel de faire l'ébourgeonnement, tout en conservant sur chaque branche le bourgeon le plus vigoureux et autant que possible, le plus près de la tige. On supprime donc ensuite toutes les autres productions à l'exception des trois plus élevées qui sont pincées sévèrement sur l'onglet, lequel disparaît à la taille suivante. Au moment de cette opération, on taillera tous les rameaux terminaux de façon à faire naître sur eux un nombre raisonnable de productions fruitières.

Voici du reste mon rapport fait au nom de la commission d'arboriculture chargée de visiter les arbres fruitiers de M. Focquereau-Lenfant, membre titulaire de la Société d'Horticulture d'Angers.

Le but de cette visite était de constater, pour la deuxième fois, le mode de rajeunissement des poiriers appliqué par notre collègue.

Cette méthode dérive essentiellement du *ravalement* ordinaire, lequel consiste : ·

1° A retrancher le tiers de la hauteur de la tige;

2° A trancher toutes les branches latérales de l'arbre à 0^m20 ou 0^m30 de leur point de départ sur la tige et d'obtenir ainsi de cette opération, au printemps, sur toutes les parties ainsi tronquées un certain nombre de bourgeons, et de choisir entre tous le plus vigoureux et le plus prêt, lequel est palissé sur des baguettes ou tuteurs posés à cet effet pour leur imprimer leur direction.

Cet ancien système, sans contestation aucune, est excessivement avantageux, dans ce sens qu'il permet à l'arboriculteur de pouvoir conserver pour ainsi dire ses arbres à leur niveau d'élévation et d'obtenir le plus tôt possible de chaque branche charpentière nouvelle des productions fruitières nécessaires pour l'obtention des fruits.

Je tiens essentiellement à insister sur ce point, afin de pouvoir démontrer clairement l'utilité du rajeunissement des arbres par les deux procédés : 1° celui dont je viens de vous entretenir, et 2°, celui de M. Focquereau-Lenfant qui, au lieu de faire naître des branches charpentières nouvelles sur une vieille tige, consiste à faire développer, au niveau du sol, un jeune rejeton qui est destiné à reformer l'arbre lui-même dans toute sa charpente, et ayant ainsi l'aspect d'un arbre jeune et évitant ainsi la fougue de la sève que l'on remarque quelquefois dans les jeunes plantations.

M. Focquereau-Lenfant nous a fait voir une ligne fruitière (*Poiriers en pyramide*), traitée d'après son système et dont l'opération a parfaitement réussi. Voici, d'ailleurs, nos observations pratiques :

Sur un vieux tronc, une production nouvelle s'est développée et le plus près possible de la greffe, cette tige enfin a donné naissance à des groupes de branches ou étages. Après sept années, je crois, les arbres sont magnifiques, l'écorce est lisse, la végétation superbe, les productions fruitières sont bien disséminées, bien traitées et attachées près des branches de charpente.

Notre collègue, pour nous bien faire observer l'utilité de son mode d'opération, nous a montré sur la même ligne fruitière une pyramide toute caduque, à couches corticales très prononcées, à végétation pauvre et ayant subi, à la même époque, l'ancien système de ravalement ; eh bien, cet arbre est destiné à périr sous peu, tandis que ses voisins sont en parfaite santé, et ce qui fait surtout plaisir à voir, c'est la grande quantité de fruits parfaitement sains dont tous ces arbres sont chargés.

MODE D'OPÉRATION

Voici le moyen d'arriver au résultat :

A la taille d'hiver, les arbres destinés au traitement sont taillés plus que sévèrement. Avec l'aide d'une scie à main assez forte, deux entailles sont faites à la base du tronc, non loin de la greffe, s'unissant entre elles au sommet et ayant ainsi la forme de l'A ou d'un triangle.

Chaque entaille pénètre dans le corps ligneux aux deux tiers du diamètre de la tige, un fort *tuteur* est de suite placé à chaque arbre ainsi opéré, afin de maintenir la tige qui pourrait osciller.

De cette opération, au printemps, naissent au-dessous des entailles quelques bourgeons vigoureux, un seul de ceux-ci est conservé après un temps déterminé.

La belle saison se passe, l'époque de la taille est arrivée, cette production nouvelle qui s'appelle rameau est taillée pour la *forme pyramidale* à 0^m45 de son point de départ pour former le premier étage de branches.

Lorsque cette jeune production qui, en définitive, représente la jeunesse à côté du vieil âge, a assez de diamètre pour supporter une amputation, avec un trait de scie on finit de retrancher la vieille tige.

L'opération finie, vous ne voyez plus qu'une nouvelle plantation.

Pour conclure, le système du ravalement ordinaire est bon à employer sur des arbres encore jeunes dont les branches de charpente sont saines et vigoureuses, mais qui possèdent des productions fruitières (ou coursons) défectueuses, connues dans la culture sous le nom de *têtes de saule.*

Je conseillerai donc de l'appliquer lorsque les arbres, quoique jeunes, seront rachitiques avant l'âge, et que la sève aura de la difficulté à circuler dans leurs branches tortueuses ou noueuses.

Et je vous engagerai à adopter le système de M. Focquereau, de préférence à tout autre, dans tous les autres cas.

Je crois être l'interprète de votre Commission d'arboriculture, en vous demandant, pour M. Focquereau-Lenfant, une haute récompense.

Depuis, M. Focquereau-Lenfant a obtenu une médaille d'argent grand module.

Moyens à employer pour hâter la fructification des arbres trop vigoureux (FRUITS A PÉPINS)

Les moyens que j'emploie habituellement lorsque certains arbres sont rebelles à la fructification sont :

1° De faire une incision circulaire à l'égoïne sur le tronc de l'arbre, en pénétrant dans l'aubier à une profondeur de quelques centimètres, selon le périmètre de l'arbre ;

2° De déchausser les principales racines pendant l'hiver afin que les froids contribuent par leur action à l'affaiblissement progressif de l'arbre.

Tableau des meilleures variétés de Poires
AVEC L'INDICATION (ESPALIER)
POUR CELLES QUI PRÉFÈRENT CETTE EXPOSITION

NOMS	EXPOSITION

POIRES D'ÉTÉ

Beurré Giffard.	
Beurré de l'Assomption.	
Bonne Louise d'Avranches.	
Seackle Pear.	
Cuisse-Madame.................	Espalier (levant).
William.	

POIRES D'AUTOMNE

Crassane......................	Plein vent.
Beurré Bachelier.	
Beurré Diel.	
Beurré Six.	
Beurré Flon.	
Beurré superfin.	
Joyau de Septembre.	
Bonne de Malines.	
Saint-Michel Archange.	
Van Mons Léon Clerc............	Espalier (levant).
Duchesse d'Angoulême.	
Doyenné du Comice.	
Marie-Louise de Jersey.	
Beurré Gris d'Automme.........	Espalier (couchant).
Beurré Gris de Luçon.	
Madame Favre.	
Anna Audusson.	
Jacques Chamaret.	

NOMS	EXPOSITION

POIRES D'HIVER

Bergamotte Espéren.	
Doyenné d'Hiver.	
Doyenné d'Alençon..............	Espalier (levant).
Doyenné Flon.	
Passe Colmar..................	Espalier (levant).
Saint-Germain.................	Espalier (levant).
Vauquelin.	
Colmar d'Hiver	Espalier (levant).
Président Drouard.	
Triomphe de Jodoigne.	
Fortunée.	
Joséphine de Malines.	
Nouvelle Fulvie.	
Beurré Rans..................	Espalier (levant).

POIRES
à cuire ou à compote

Belle-Angevine.	
Besy d'Héry..................	Plein vent.
Besy des Vétérans.	
Bon Chrétien d'Hiver...........	Espalier (levant).
Bon Chrétien d'Auch	Esp. (levant ou couch.).
Castillac.	
Tavernier de Boullongne.	
Martin sec.	
Gile-ô-Gile.	
Tardive de Toulouse.	
Colmar d'Aremberg.	

De la Taille du pommier

Le pommier est un arbre qui, se trouvant en plein vent, n'aime pas la taille ; s'il y est soumis, il donne peu de fruits et, dans beaucoup de terrains, les plaies faites par les instruments engendrent souvent la carrie, ce qui est dangereux.

Planté dans le jardin fruitier, on l'établit soit en vase ou gobelet, le plus souvent en petits cordons le long des allées. Ce système est encore passable pour un petit jardin où on veut avoir un peu de tout, mais dans une partie fruitière plus vaste, il serait préférable de mettre les lignes de pommiers dans un carré spécial, en laissant entre chacune d'elles une distance de 1^{m}30 à 1^{m}50 ; une petite allée est réservée au milieu pour les desservir. On évite ainis la difficulté qui survient à chaque instant lorsqu'il faut enjamber ces fils de fer qui font le pourtour de chaque carré.

On doit établir ces lignes de fil de fer de 0^{m}40 à 0^{m}45 du sol et ne presque jamais tailler les rameaux terminaux si l'on veut obtenir de petites productions fruitières et par suite beaucoup de fruits. Leur position horizontale contribue beaucoup, si le canal principal est coupé de distance en distance par des tailles assez rapprochées, à produire des coursonnes gourmandes.

Taille des productions fruitières

Je ne m'étendrai pas longuement sur la taille des coursonnes du pommier, elle a d'ailleurs énormément d'analogie avec la taille des coursonnes du poirier ; de même que pour ces dernières, il faut les maintenir excessivement courtes et leur donner les mêmes soins.

Pommier. — On remarquera que dans le pommier, il y a souvent des petites ramilles qui sont couronnées d'un bouton à fleur, je les conserve généralement, en ayant le soin toutefois de leur faire subir une arcure. Les rameaux proprement dits sont cassés généralement plus sévèrement que ceux du poirier, parce que dans le pommier les boutons à bois sont très rapprochés les uns des autres.

Tableau des meilleures variétés de Pommes

NOMS	EXPOSITION
POMMES D'ÉTÉ	
Calville Rouge.	
Rambourg d'Été	Plein vent.
Transparente Rouge.	
POMMES D'AUTOMNE	
Calville Saint-Sauveur.	
Pigeonnet commun	Plein vent.
Doux d'Argent	Plein vent.
Reinette de Caux.	
Joséphine.	
Grand Alexandre.	
POMMES D'HIVER	
Alpi Rose	Plein vent.
Bonne Hotture	Plein vent.
Calville Blanc.	
Calville Rose	Plein vent.
Fenouillet Anisé	Plein vent.
Patte-de-Loup (1).	
Meunier (1).	
Impériale	Plein vent.
Reinette d'Angleterre.	
Reinette de Bretagne.	
Reinette Grise	Plein vent.
Reinette Franche	Plein vent.

(1) Cultivées dans l'arrondissement de Beaupreau (Maine-et-Loire).

DU PÊCHER

Sa culture en espalier

Sol. — Le pêcher demande un sol substantiel, un peu calcaire, de consistance moyenne, très perméable et exempt d'humidité.

S'il est planté dans un terrain sec et qu'il soit greffé sur prunier, sa végétation sera faible et sa durée ne sera que de quelques années ; nous savons déjà quelle est l'essence qui lui convient le mieux dans ces sortes de terrains.

Si l'humidité est forte, le pêcher se développera avec vigueur pendant la belle saison, mais des taches de gomme apparaîtront journellement. C'est surtout à l'approche du printemps que l'on s'aperçoit de l'effet pernicieux de l'humidité ; dans les sols compacts, les rameaux à fruits et certaines branches de charpente sont perdues de gomme, à cette époque. Il est donc de la plus haute importance, lorsque l'on veut planter un espalier de pêchers, de bien préparer le sol de la plate-bande, l'amender s'il y a lieu, et lui donner tous les engrais nécessaires.

Deuxième ou troisième plantation de pêchers sur le même lieu

Il est reconnu que lorsqu'un espalier de pêchers vient à disparaître par la force des années et que lorsqu'on en replante à nouveau, ces jeunes arbres ne font que végéter, ce qui fait le désespoir des propriétaires, amateurs de ce fruit. On entend souvent dire : on a beau changer la terre de la plate-bande, les arbres n'y font plus rien. Cependant, si c'est une terre neuve possédant tous les sucs nécessaires pour obtenir une végétation luxuriante, on doit s'étonner effectivement de la non réussite. Il y a un autre travail aussi très important et qu'il ne faut pas oublier de faire.

Blanchissage du mur et des treillages

Lorsque toute la terre de la plate-bande a été enlevée à une profondeur d'un mètre au moins, il s'agit d'ôter les treillages, s'il ne l'ont pas été avant le terrassement, afin de leur donner deux couches de peinture s'ils en valent la peine ; puis de procéder dans un moment de beau temps au blanchissage du mur, dans tout son entier. Si on ne veut pas faire cette dépense, il est urgent du moins de crépir le mur depuis ses fondations jusqu'à la hauteur du sol, et lorsque ce travail est bien sec, de remplir la plate-bande, en fumant abondamment avec des engrais provenant d'animaux et de végétaux.

Des differentes formes à donner au pêcher

De même que pour le poirier, on s'est attaché depuis longtemps déjà aux petites formes qui ont un avantage réel sur celles d'une grande dimension. En effet, les murs sont garnis plus vite, les fruits apparaissent en grand nombre ; la vie est si courte que chacun veut en jouir selon ses goûts.

La vie du pêcher est limitée comme à tout être vivant, mais elle est relativement courte chez cet arbre, malgré tous les bons soins qui lui sont portés.

Il est reconnu aujourd'hui qu'un espalier de pêchers en grande forme comparé à un autre de petite forme n'a pas plus de durée que ce dernier.

Chez le propriétaire, chez l'amateur, on procède de la manière suivante :

On plante un mur en grandes formes et l'autre en petites, de cette manière le goût est satisfait. L'espalier à formes réduites lui permettra d'attendre la formation complète de l'autre mur, par la quantité de pêches qu'il pourra cueillir chaque jour dans la saison.

DES GRANDES FORMES

Formation de la charpente

Je ne vais m'attacher à décrire que les formes suivantes, usitées un peu partout : la *Palmette simple, ordinaire,* la *Palmette Verrier,* la *Palmette double* et le *Candélabre.*

De la Palmette simple

On plante pour cette forme à 6 ou 7 mètres, selon la qualité du sol. On tâche de se procurer des pêchers ayant des boutons à bois jusqu'à la hauteur de 0ᵐ45 environ, afin de pouvoir obtenir des bourgeons à la hauteur convenable et par cela même former sa première charpente.

La première opération à faire sur les pêchers, je ne la désignerai pas sous le nom de recépage, comme je l'ai fait pour les autres arbres, afin de ne pas embrouiller les opérations à faire sur les branches de charpente : ainsi, la première taille concordera avec la première taille à faire sur les nouvelles productions de la charpente.

Recépage. — Il se fait à 0ᵐ45 environ, pour faciliter le développement des boutons placés à la hauteur de 0ᵐ40, et destinés à former le prolongement de la tige et le premier étage des sous-mères.

De l'Ebourgeonnement. — Pour arriver à ce but, on supprime tous les bourgeons, du sol jusqu'à la hauteur de 0ᵐ40, et lorsque ces jeunes productions ont atteint de cinq à huit centimètres; on conserve ainsi les trois plus belles pousses dont une pour le prolongement de la tige, et les deux autres placées au-dessous et bien situées sur les côtés, à droite et à gauche.

Remarque. — Il serait bon de ne pas ébourgeonner tout

d'une seule fois, lorsque c'est possible, afin de ne pas trop troubler la marche de la sève.

MODE DE PALISSAGE DES JEUNES BOURGEONS DE LA CHARPENTE

Lorsque ces jeunes bourgeons ont atteint une longueur de 0m25 à 0m30, il est temps de les palisser vers leur base sur des petites baguettes placées à cet effet sur le treillage dans un angle de 45 degrés.

Il est bon aussi d'abaisser sensiblement le point de départ de chaque bourgeon au début du palissage, car si cette base fait un angle assez aigü avec la tige, il y aura plus tard quelques difficultés pour les abaisser sur l'angle qu'elles doivent occuper.

On relève ensuite l'extrémité afin d'attirer la sève vers ce point et surveiller l'accroissement des deux bourgeons de l'étage pour les maintenir en équilibre.

La tige sera palissée verticalement; si elle poussait trop vigoureusement, on la pincerait à la hauteur de 0m30 environ ; plus tard on reprendrait un bourgeon anticipé pour reconstituer le prolongement. D'ailleurs cette longueur à donner au pincement de la tige varie selon les circonstances, il est difficile de préciser exactement.

PINCEMENT OU RAPPROCHEMENT EN VERT D'UN TERMINAL D'UNE BRANCHE DE CHARPENTE PAR TROP VIGOUREUSE

Souvent, dans le pêcher, certains bourgeons terminaux prennent un accroissement disproportionné en raison d'un autre point qui devrait marcher de front. On procède ainsi pour ramener l'équilibre.

Sur ces productions vigoureuses, on voit toujours apparaître des bourgeons anticipés, on en choisit un que l'on palisse sur le devant du bourgeon terminal trop vigoureux, on le prend vers le premier tiers du développement de ce dernier; on le laisse croître ainsi pendant un certain temps sans pratiquer de suppression sérieuse sur la partie dominante.

Quinze jours ou trois semaines après, on retranche une certaine portion du terminal primitif, afin de le laisser dépenser encore un peu de sève, et un peu plus tard, lorsque le bourgeon anticipé a une longueur de 0^m60 à 0^m70, on finit par le supprimer à 0^m20 environ de l'anticipation qui le remplace. Ce moyen s'emploie aussi lorsqu'il y a sur un terminal beaucoup de bourgeons anticipés qui n'ont pas été traités à temps et qui sont privés de boutons stipulaires à leur base, ces variétés sont : les Reines des Vergers, les Monstrueuses de Doué, qui ne sont pas comparables comme structure à nos Mignonnes et Madeleines, de même que nos Admirables jaunes qui possèdent presque toujours des yeux bien formés à la base des anticipations (sauf exception.)

OBSERVATION RELATIVE AU RECÉPAGE DE CERTAINS SUJETS POUR LA FORME EN PALMETTE SIMPLE ET VERRIER

Comme nous venons de le voir, j'ai conseillé de recéper chaque pêcher à la hauteur de 0^m45 environ pour former les palmettes ; mais il arrive, et même très fréquemment, que les sujets de pêchers n'ont que quelques boutons à bois vers leur base et que le reste de leurs productions n'est qu'un ensemble de rameaux anticipés, mal constitués, brisés par l'emballage ; il est alors préférable, en principe, de trancher les sujets ainsi constitués au-dessus de leurs boutons à bois ; au printemps suivant, on choisit le plus beau bourgeon que l'on palisse verticalement, on supprime les bourgeons inutiles et on pince les autres.

L'année suivante, on a une tige parfaitement constituée et ayant des boutons à la hauteur voulue.

La taille se fait ensuite telle que je l'ai indiquée ; si on n'avait pu avoir à la hauteur voulue que des bourgeons anticipés, dans l'année qui suit cette opération, vers la fin d'août, on placerait plusieurs écussons à l'endroit où doivent naître les branches de charpente.

Première taille des branches dé charpente

Lors de la première taille des rameaux ou des branches de la 1re série, on retranche un tiers environ de leur longueur ; ces branches étant dans une position oblique, les boutons se développent facilement en bourgeons fructifères. La coupe se fait sur un bouton placé en avant, mais si l'une des branches est plus forte que l'autre, on commence d'abord par tailler la plus faible dans une proportion telle que, d'après cette opération, l'on soit à peu près certain que tous ces boutons latéraux se transformeront en bourgeons. On taille ensuite la branche gourmande dans une proportion relative au degré de force qu'elle a empiété sur la faible ; si elle a un tiers plus de vigueur, on la taillera un tiers plus court, si c'est moitié, on la taillera moitié plus courte.

Tige. — Si la tige est d'une force moyenne, elle sera taillée à 0^m25 ou 0^m30 de hauteur, si sa vigeur est excessive, on la coupera plus près de sa base ; car on ne doit pas perdre de vue que l'étage inférieur doit être bien constitué avant de reprendre sur la tige de nouvelles séries.

PREMIÈRES OPÉRATIONS D'ÉTÉ SUR CES BRANCHES

Au printemps suivant, de nombreux bourgeons apparaissent sur tout le périmètre des productions. Pour faciliter la lumière et pour éviter la confusion dans le palissage, il faut à cette époque supprimer une partie de ces jeunes pousses inutiles qui, si elles étaient conservées, ne feraient dans leur ensemble qu'une confusion préjudiciable à la conservation de l'arbre.

On supprimera donc tous les petits bourgeons placés sur l'avant et l'arrière des terminaux, en commençant toujours par la base et en remontant vers le sommet. Avant d'arriver à l'extrémité de chaque branche il faudra s'assurer si le bourgeon terminal est valable, s'il n'existe pas de vide au-dessous de lui, si encore la taille faite sur des rameaux anticipés a donné de bons résultats ; dans le cas contraire, on prend un bourgeon proprement dit, placé en avant et au-dessous de ces vides, on le palisse sur la branche elle-même et on pince à quelques feuilles les autres productions devenues inutiles ; cette partie ainsi opérée forme un onglet qui disparaîtra vers l'automne. C'est un moyen que j'emploie fréquemment et pour ainsi dire *en général*, afin d'obtenir de ces bourgeons terminaux des branches de charpente.

EBOURGEONNEMENT DES BOURGEONS DESTINÉS A FORMER LES ARÊTES SUPÉRIEURES ET INFÉRIEURES DES BRANCHES

L'ébourgeonnement s'effectue également sur les bourgeons de côté qui sont destinés à former les petites branches ou coursonnes, en laissant entr'eux un intervalle de douze centimètres environ. On leur fait subir un pincement s'il y a lieu. Je prie le lecteur de se reporter au chapitre spécial de la taille des petites branches.

Du Palissage. — Il est essentiel que les bourgeons soient dressés sur le treillage en leur assignant ainsi à chacun la place qu'ils doivent occuper selon leur force et leur position ; car on conçoit facilement que, si les terminaux n'étaient pas palissés à plusieurs reprises, ils prendraient une mauvaise direction, s'éloigneraient trop du mur et deviendraient fougueux dans ce sens qu'ils absorberaient une somme de sève considérable, au préjudice des petites productions fruitières. Pour elles-mêmes, il existerait une lutte inégale entre les bourgeons supérieurs et les inférieurs.

Les premiers, parfaitement placés pour absorber la sève, deviendraient d'une vigueur excessive en prenant la position verticale qui leur est naturelle et ne se couvriraient que de boutons à bois.

Les inférieurs étant moins bien situés pour recevoir la

sève, deviendraient languissants et ne tarderaient pas à succomber si cet état de choses persistait quelques années.

Chaque bourgeon qui, par sa position, tendrait à devenir trop vigoureux sera donc incliné vers la branche mère et palissé sévèrement, tout en mettant beaucoup d'harmonie entre tous ; il faut éviter de prendre les feuilles dans les attaches de jonc et les mettre avec le doigt à leur place normale ; ceci se fait sans s'en apercevoir lorsqu'on en a l'habitude.

On palisse d'abord moins sévèrement les bourgeons inférieurs, et même les plus faibles sont laissés en complète liberté, jusqu'à ce que leur état permette le palissage.

De la Tige. — Le bourgeon terminal de la tige est également surveillé pendant tout le temps de la végétation. On sait que cette production doit donner naissance l'année suivante à un nouvel étage de branches, c'est donc à nous de veiller à conserver à la hauteur de 0^{m}60 environ de bons boutons à bois.

Un pincement trop sévère ou trop tardif fait à quelques centimètres au-dessus de ce point provoquerait le développement de bourgeons anticipés, et on connaît leurs résultats. Il faudrait donc, s'il y avait une vigueur excessive dès le début, pincer le bourgeon terminal au-dessus de 0^{m}60, et reconstituer le prolongement au moyen d'un bourgeon anticipé.

Si la végétation est moyenne et que l'on soit obligé de pincer la tige, on s'éloignera autant que possible du départ futur du deuxième groupe de branches.

Deuxième taille d'hiver des branches
de la charpente

A la deuxième taille d'hiver, l'arbre qui nous occupe a un étage de branches bien constitué. On taillera les rameaux du prolongement en leur retranchant environ le tiers de leur longueur, à moins cependant que la taille précédente n'ait pas donné les résultats attendus; par contre, il faudrait tailler plus court afin de fortifier les coursonnes formées précédemment et provoquer ainsi le développement des bourgeons ou des parties faibles.

Depuis longtemps j'emploie un moyen pratique qui m'a toujours réussi pour donner aux prolongements la longueur voulue.

J'examine d'abord quelle a été la longueur de la taille l'année précédente. Si le résultat est satisfaisant, j'applique la même taille.

Je rejette de ce système bien entendu la première ou seconde taille qui peut, pour une cause quelconque, avoir été faite plus ou moins sévèrement. Il peut aussi se faire que l'arbre soit plus ou moins vigoureux que l'année précédente, c'est justement ma dernière taille antérieure qui peut encore me servir de guide; je taille donc relativement au degré de force atteint pendant l'année (sauf exception).

Obtention d'un nouvel étage

Les branches de charpente des pêchers doivent être distantes les unes des autres de 0^m60 environ pour la facilité du palissage; si elles étaient plus rapprochées, on serait obligé de pincer trop sévèrement les bourgeons proprement dits, ce qui serait un empêchement sérieux pour leur mise à fruits, en faisant ainsi développer les boutons triples ou doubles à l'état de faux bourgeons, c'est-à-dire qu'on les reconnaît à leur début de formation sur les bourgeons à leur groupe de feuilles partant d'un même point.

On taille la tige au-dessus de 0^m60 sur trois boutons dont un pour le prolongement de la tige et les deux autres pour la formation du nouvel étage.

Soins d'été

Les soins à donner pendant l'été sont les mêmes que ceux qui ont été décris. On observera pour le deuxième étage ce qui a été conseillé pour le premier.

Chaque année on formera une série nouvelle, à moins que l'étage récemment obtenu ne soit trop faible, dans ce cas il vaudra mieux retarder d'une année.

On abaissera les branches de la base progressivement pour les laisser sur l'angle de huit à dix degrés.

Si on les met horizontalement, ces palmettes prendront le nom de *Palmettes Legendre*.

Palmette simple Verrier

La palmette Verrier diffère de la précédente dans ce sens que, lorsque les branches sous-mères ont une certaine longueur, celles-ci sont relevées verticalement jusqu'au sommet du mur.

La distance de plantation est subordonnée à la quantité d'étages que l'on veut obtenir. Ainsi, une palmette Verrier à trois étages se plante à 4^{m}20, les sept lignes verticales qui les composent sont distantes l'une de l'autre de 0^{m}60, soit 0^{m}60 $\times$ 7 = 4^{m}20.

Une palmette Verrier à cinq étages a par conséquent à sa formation onze branches verticales, et occupe un espace de 6^{m}60, soit 11 $\times$ 0^{m}60 = 6^{m}60.

Avant de planter, il est urgent de s'assurer combien on veut obtenir de branches mères sur l'arbre que l'on doit planter, afin que plus tard toutes les productions aient le même intervalle entre elles.

Pour la formation des branches de charpente, on emploie les mêmes moyens que pour la palmette simple.

Les premières branches sous-mères d'une palmette Verrier

à trois étages se relèvent verticalement à 1ᵐ80 de la tige. Le deuxième étage à 1ᵐ20 et le troisième à 0ᵐ60. On voit par là que les branches des étages inférieurs sont beaucoup plus longues que celles des supérieurs.

En général, on met trois années à constituer la première série inférieure, à moins d'avoir une végétation magnifique ; on ne doit former un nouvel étage que lorsque le premier est redressé verticalement et qu'il a parcouru le tiers de la hauteur du mur, c'est généralement ce qui guide pour obtenir de nouvelles productions dans toute la partie de l'arbre.

Palmette double Verrier

La palmette double Verrier se compose de deux tiges ou branches mères donnant naissance à des sous-mères placées symétriquement.

La difficulté est toute autre pour cette forme que pour la palmette simple Verrier, et cela tient à ce que la sève doit se répartir semblablement entre deux productions mères, lesquelles doivent nourrir un même nombre de branches.

La distance de plantation est en rapport avec le nombre d'étages qu'on veut lui donner.

Une palmette double Verrier à quatre séries se compose, lors de sa formation complète, de dix branches verticales. L'espace occupé par les branches de charpente de cet arbre est de 6 mètres, soit $10 \times 0^m60 = 6$ mètres.

Ce genre de palmette doit donc être planté au moins à une distance de 6 mètres l'un de l'autre.

Pour une palmette double à deux étages, composée de six branches verticales, la distance de plantation est de 3ᵐ60, soit $6 \times 0^m60 = 3^m60$.

Formation de la charpente

Du Recépage. — Dans l'année de la plantation, on recépe

le jeune arbre à 0ᵐ25 ou 0ᵐ30 du sol environ pour obtenir à la hauteur de 0ᵐ20 deux bourgeons vigoureux qui doivent constituer les deux branches de charpente.

Première taille d'été

Au printemps suivant, l'arbre qui a été soumis au recépage se couvre de bourgeons ; à ce moment, il est temps de procéder à la suppression de tous ceux qui sont inutiles pour la formation, en commençant par la base jusqu'à une hauteur de 0ᵐ20. A ce point, on choisit deux bourgeons bien placés, l'un à droite, l'autre à gauche ; ceux qui sont placés au-dessus d'eux sont en partie supprimés et les autres pincés sévèrement.

Palissage. — Lorsque ces deux productions ont atteint une longueur de 0ᵐ30 environ, on les palisse près de leur base en les écartant en sens inverse l'une de l'autre et en leur faisant imprimer à chacune le jambage de l'U, on obtient ainsi à la base de l'arbre cette forme parfaitement établie ; puis à 0ᵐ30 au centre et à 0ᵐ40 du sol, on détermine un point où chaque bourgeon doit subir l'arcure et sur une feuille placée au dessus et munie d'un bouton, enfin on redresse l'extrémité de chaque bourgeon selon la ligne oblique.

On peut donc remarquer que les deux points arqués sont distants l'un de l'autre de 0ᵐ60.

Pendant la belle saison, on surveillera l'accroissement de ces productions afin de les maintenir en parfait équilibre. Il est possible aussi que les boutons à bois placés sur le sommet de l'arcure se développent en bourgeons anticipés ; dans ce cas, on les pince à une hauteur de 0ᵐ20.

Première taille d'hiver des productions obtenues
l'été précédent (TRAITEMENT D'ÉTÉ)

A la taille d'hiver, les premières branches sous-mères ne

sont pas bien constituées; on les taille chacune à une quinzaine de centimètres au-dessus du point où l'arcure a été faite, afin de bien constituer la base de l'arbre et en même temps donner une impulsion à la sève pour avoir des bourgeons terminaux très vigoureux. Tout porte à croire que cette taille fera développer au sommet des arcures les boutons à bois qui doivent former le prolongement des deux branches mères.

Si cependant un côté de l'arbre était beaucoup plus vigoureux que l'autre, on taillerait le plus fort très court, au-dessous de l'arcure, et la partie plus faible dans les mêmes données que je viens de citer. Il est certain qu'au printemps suivant cette partie faible ayant beaucoup plus d'organes, attirera à son profit une plus grande quantité de sève, tandis que le *côté fort*, qui a été taillé court, sera encore ébourgeonné sévèrement, et on prendra sur lui comme terminal une pousse tout-à-fait inférieure; puis plus tard on fera subir à cette dernière une arcure analogue à celle qui a été faite sur l'autre moitié de l'arbre.

AUTRE MOYEN D'OBTENIR LES PREMIÈRES BRANCHES SOUS-MÈRES

On peut les obtenir par la taille, en taillant les deux branches principales chacune sur deux boutons, l'un placé en avant et l'autre de côté : celui de l'avant pour le prolongement de la tige et celui de côté pour former la sous-mère. On emploie surtout ce procédé lorsqu'on n'arrive pas à temps pour arquer les bourgeons ou que ceux-ci sont trop faibles pour subir cette opération.

Deuxième taille d'été

Il est utile de faire l'ébourgeonnement de tous les bourgeons latéraux de l'avant et de l'arrière, de prendre les bourgeons terminaux de chaque branche tel que je l'ai

indiqué, de surveiller l'accroissement des deux prolongements de la tige, enfin de les tenir dans un terme milieu par
des pincements et des rapprochements en vert, comme je l'ai
déjà indiqué.

Deuxième taille d'hiver

On taille les prolongements de la même manière et d'après
les mêmes principes que pour la *palmette simple Verrier*.

Les prolongements des branches mères peuvent être taillés à 0^{m}25 de leur base, et s'il y a manque d'équilibre entre
les deux, le plus fort sera taillé plus court. On ne reprendra
pas une nouvelle série l'été prochain.

Troisième taille d'été

On surveille spécialement les deux prolongements des deux
branches mères et des branches de charpente; le pincement
et le palissage des coursonnes se font dans les conditions suivantes.

Il ne faut pas oublier d'arquer les bourgeons terminaux,
pour les relever ensuite verticalement, s'il y a lieu, afin d'a-
voir des branches tout-à-fait correctes. On opérera de même
pour les autres étages, et chacun d'eux devra être assez bien
constitué pour en établir un nouveau.

Du Candélabre

La forme en candélabre est composée de deux branches
mères inclinées à la formation sur un angle de quelques degrés seulement; elles se relèvent verticalement en formant
un arc de cercle un peu allongé.

Le centre de l'arbre est formé de branches verticales également distantes les unes des autres de 0^{m}60 environ.

FORMATION — DU RECÉPAGE

Le recépage se fait à une hauteur de 0^m35 environ; il a pour but de concentrer la sève sur deux bourgeons principaux et placés à 0^m25 environ du sol.

Soins d'été

Au printemps suivant, on ébourgeonne tous les bourgeons jusqu'à la hauteur de 0^m25, et on choisit deux de ces jeunes pousses bien placées, l'une à droite l'autre à gauche. (Je n'ai pas besoin d'insister pour conseiller l'ébourgeonnement graduel).

Chacun de ces bourgeons est palissé en décrivant à sa base une courbe allongée jusqu'à ce que le sommet de l'arcure soit distant de 0^m40 du sol environ. On redresse ensuite les extrémités pour attirer la sève vers ce point.

On taille chaque année chacune de ces branches selon leur vigueur, puis on les redresse verticalement aux points désignés d'avance.

Supposons que nous voulions établir un candélabre à huit branches secondaires, quatre de chaque côté. On procède ainsi : du centre de l'arbre, on marque avec des osiers sur le treillage un premier point qui sera l'emplacement de la première branche sous-mère du centre de l'arbre, puis tous les 0^m60 on détermine de ce premier point l'emplacement de la seconde, de la troisième et quatrième branche centrale.

On en fera de même pour l'autre moitié de l'arbre.

Ainsi donc, lorsque les branches-mères ont atteint en hauteur les deux tiers de l'élévation du mur, il sera temps de commencer à former le centre.

Obtention des huit branches du céntre

Dans la forme en candébabre, la sève se porte avec force

dans la partie centrale et surtout dans le voisinage du tronc. Il est de la plus grande nécessité d'obtenir les premières sous-mères sur les points les plus éloignés du centre, c'est-à-dire à l'extrémité.

On prend donc chaque année deux de ces productions, une à droite, l'autre à gauche, en établissant les dernières, celles qui sont mieux favorisées par la sève et qui sont les plus centrales. Tous les ans, ces branches verticales seront taillées vers la moitié de leur longueur; celles qui arriveront les premières au sommet du mur formeront les branches-mères, ensuite les deux sous-mères qui l'avoisinent et ainsi de suite, de telle sorte que le centre possèdera des branches beaucoup plus courtes pendant la formation intérieure de l'arbre. On arrivera ainsi à obtenir un équilibre parfait.

Si cependant l'une de ces branches venait à dominer les autres, on lui ferait subir une taille plus courte, un ébourgeonnement et un pincement sévère, puis on supprimerait les feuilles dans leur moitié, etc.

Si on était tenté d'élever d'une seule fois toutes les branches intérieures, il y aurait un désordre grave dans la marche de la sève qui se disperserait follement au profit des productions les plus favorisées.

On sait que toutes les branches dont nous venons de parler sont prises sur des coursonnes qui ont été taillées plusieurs fois. On s'efforce avant de les convertir en productions charpentières de les tenir dans une vigueur relative; car, si elles étaient trop faibles, on ne pourrait obtenir d'elles leur propre formation; si au contraire elles étaient trop vigoureuses, on pourrait craindre qu'elles n'absorbassent une quantité de sève trop considérable qui porterait préjudice à la marche directe de la sève dans toutes les parties de l'arbre.

Remarque. — Il est à remarquer que chaque branche intérieure, avant d'être relevée verticalement, est inclinée un peu horizontalement à son point de départ sur la branche-mère ; par ce moyen, l'ascension de la sève y est plus modérée.

Des Cordons obliques

DU PÊCHER

Les cordons obliques du pêcher ont été très répandus pendant un certain temps ; aujourd'hui, leur plantation se ralentit, car il est reconnu que pour cette forme il faut prodiguer des soins assidus aux productions supérieures qui deviennent excessivement vigoureuses, soit par suite de négligence ou de manque de temps, et se convertissent ainsi en parties gourmandes qui sont d'un embarras constant pour l'arboriculteur.

Distance de plantation

En supposant un mur de trois mètres d'élévation, il faut planter les arbres à une distance de 0^m80 à un mètre les uns des autres pour des obliques simples ; on en fait rarement de doubles.

On peut ainsi donner à ces arbres une longueur de quatre mètres environ, et un intervalle de 0^m60 entre les branches de charpente.

Mais lorsque les cordons obliques sont dirigés avec intelligence, ils donnent énormément de fruits, et le mur est vivement tapissé. Je vais donner les principales notions de la taille et du pincement dans cette forme.

DU RECÉPAGE

On recèpe les jeunes sujets à 0^m25 environ.

Ebourgeonnement. — Lors de cette opération, on supprime tous les bourgeons depuis le sol jusqu'à la hauteur de 0^m20.

A cet endroit, on choisit un bourgeon bien constitué et

placé du côté de l'inclinaison, puis on supprime les autres productions, en formant ainsi un onglet qui disparaîtra l'hiver suivant.

DU PALISSAGE

Avant de commencer cette opération, on a le soin de fixer sur le treillage à chaque arbre une baguette inclinée sur un angle de 45 degrés.

Au fur et à mesure de leur développement, tous les bourgeons sont palissés sur ces petites baguettes, en ayant soin toutefois, comme je l'ai dit, de laisser libre leur extrémité sur une longueur de 0^m20 environ. Les bourgeons anticipés sont pincés, tel qu'il est indiqué dans le chapitre spécial des *petites branches*.

Première taille d'hiver de la charpënte

On retranche chaque année le tiers environ des rameaux terminaux, mais à la première taille il est prudent de tailler ces rameaux vers leur moitié, afin de consolider pour l'avenir les coursonnes qui vont naître et qui se trouveront plus tard éloignées de l'action de la sève, surtout dans la partie inférieure.

Chaque terminal est taillé sur un bouton bien placé en avant.

Taille en vert

PREMIÈRES OPÉRATIONS

Au printemps suivant, les jeunes arbres se couvrent de bourgeons, et lorsqu'ils ont atteint une longueur de cinq à six centimètres, on procède à la suppression de tous ceux placés à l'arrière et sur le devant des prolongements. On choisit ensuite le bourgeon terminal qui peut être pris sur l'extrémité à l'endroit où la taille a été faite, ou, comme je le fais le plus souvent, je prends un bourgeon inférieur, bien placé en avant, bien constitué et pris en deçà des vides qui pourraient exister sur les jeunes branches de charpente. On observera pour ces terminaux, si de nombreux bourgeons anticipés ne s'y développent pas, ce que j'ai déjà conseillé pour les prolongements des autres formes.

DE LEUR PINCEMENT

Les bourgeons latéraux supérieurs se trouvant placés dans une position favorable à leur développement, prennent dès le début une vigueur qui n'est nullement en rapport avec les inférieurs.

Si à ce moment on les abandonnait à eux-mêmes, ils prendraient un empâtement désagréable, indice de productions gourmandes.

Ces productions subissent en général du sommet à la base deux modes de végétation :

1º Tous les bourgeons qui se trouvent dans le voisinage des terminaux sont les plus développés.

2º Ceux qui s'en éloignent sont généralement plus faibles.

Il s'en suit qu'on devra les pincer différemment.

Les plus vigoureux seront pincés, lorsqu'ils auront atteint une longueur de 0^m10, sur les deux ou trois premières feuilles bien développées; de chacune de ces productions on obtiendra deux bourgeons. Lorsque ceux-ci auront une longueur de 0^m10, on retranchera le plus élevé et l'autre restant intact sera pincé à 0^m15 ou 0^m20 de la base; par ce moyen, on n'a pas à craindre de productions gourmandes.

On trouvera encore sur la partie supérieure d'autres bourgeons qui, en raison de leur vigueur, devront être pincés à six ou sept feuilles bien formées, tandis que les autres le seront uniformément à 0^m20.

BOURGEONS INFÉRIEURS

Les bourgeons inférieurs seront pincés à 0ᵐ30 ou 0ᵐ40 de longueur, à l'exception toutefois des plus vigoureux placés dans le voisinage des rameaux terminaux.

Je n'insiste pas davantage sur le pincement des bourgeons. J'ai donné au chapitre spécial des productions une place assez raisonnable aux divers procédés à employer.

MOYEN D'OBTENIR ANNUELLEMENT DES BOURGEONS TERMINAUX
APRÈS LA FORMATION DE L'ARBRE

Lorsque les cordons obliques sont formés et que leurs extrémités se rapprochent du sommet du mur, on taille tous les ans chaque prolongement de la tige à une vingtaine de centimètres; puis à l'ébourgeonnement on choisit, en commençant par la base de cette élongation, le bourgeon le plus près que l'on palisse et qui sert de prolongement à la tige : toutes les jeunes pousses accompagnées de pêches sont pincées à quelques feuilles et celles qui en sont dépourvues sont supprimées.

A la taille suivante, on supprime la partie qui a fructifié pour se rapprocher sur ce rameau terminal, et qui l'année suivante subit le même sort. (En un mot, c'est le traitement d'une coursonne.)

On sait que les extrémités d'un espalier planté en cordons obliques sont formées par une demi-palmette et un demi-éventail.

DES PETITES FORMES

Cordons verticaux divers

DE LA FORME EN ∪ SIMPLE — PLANTATION A 1ᵐ20 OU 1ᵐ30

Recépage. — Le recépage se fait à la hauteur de 0ᵐ30 environ, afin d'obtenir deux bourgeons destinés à la formation de la charpente.

SOINS D'ÉTÉ.

Ces bourgeons naîtront à 0ᵐ20 environ du sol; on fera décrire à chacun d'eux un arc de cercle, en laissant une distance de 0ᵐ60 entre l'un et l'autre.

Taille et soins de la charpente en général

Chaque année on taille les prolongements vers la moitié de leur longueur, selon leur végétation, puis on conserve une distance raisonnable entre toutes les coursonnes et enfin on veille à l'obtention annuelle des bourgeons terminaux en observant ce qui a déjà été dit pour les autres formes.

DE LA FORME EN ∪ DOUBLE SUPERPOSÉ. — PLANTATION A 2ᵐ40 ENVIRON.

Recépage, — Le recépage se fait à la hauteur de 0ᵐ35.

SOINS D'ÉTÉ APRÈS CETTE OPÉRATION.

On supprime tous les bourgeons établis sur la tige jusqu'à la hauteur de 0ᵐ25 ou 0ᵐ30.

A ce point, on choisit trois bourgeons, l'un pour le prolongement de la tige et les deux autres placés de côté pour la formation de l'étage inférieur.

Les autres bourgeons situés au-dessus sont pincés ou supprimés.

Pendant tout l'été, on favorisera le libre développement des bourgeons du premier étage.

La tige sera pincée s'il y a lieu.

Taille et soins de la charpente en général

Pendant les deux ou trois premières années, on fait dépenser une partie de la sève aux deux premières branches obtenues afin de leur faire acquérir toute la force dont elles ont besoin.

Pendant ce temps la tige est taillée une ou deux fois avant de former un second étage.

Pour arriver à ce but, on la taille sur deux boutons bien placés de côté et, au printemps, au moment de leur développement, on les palisse en faisant décrire à chacun d'eux un arc de cercle qui constitue ainsi la forme en **U**.

On surveille avec soin la végétation de ce nouvel apport de branches, afin que la sève n'y afflue pas démesurément et n'entrave pas l'équilibre de la charpente.

FORME EN **U** DOUBLE ORDINAIRE. — PLANTATION 2^m40 A 2^m50

Cette forme diffère de la précédente dans ce sens qu'elle est composée de deux mères branches, lesquelles donnent naissance par la bifurcation à deux nouvelles sous-mères dont l'ensemble constitue l'**U** simple.

Recépage. — Cette opération se fait à la hauteur de 0^m25 ou 0^m30 du sol.

Soins d'été

ÉBOURGEONNEMENT ET PALISSAGE.

Au printemps, on supprime tous les bourgeons jusqu'à la hauteur de 0^m20 environ.

A ce point, on choisit deux bourgeons placés de côté qui doivent former les deux branches mères. On les palisse ensuite en leur faisant former un **U** ayant 1ᵐ20 de diamètre, et on laisse croître chacune de ces deux productions dans des proportions relatives à leur vigueur.

Première taille d'hiver de la charpente

Lors de la première taille d'hiver des deux branches mères, on a cherché à obtenir de chacune d'elles deux nouvelles productions. On les taillera donc sur deux boutons bien placés de côté, à 1ᵐ60 du centre de l'arbre et à 0ᵐ30 environ du sol.

Si l'une des productions était gourmande, il faudrait la tailler sévèrement pour ne pas prendre sur elle de nouveaux bourgeons destinés à la formation de la charpente. Au printemps suivant, on ne laisserait à cette partie ainsi taillée qu'un bourgeon terminal, en dehors des bourgeons latéraux, lequel serait palissé et pincé sur deux feuilles à la hauteur voulue pour obtenir *en vert* deux bourgeons anticipés qui feraient le pendant du côté qui était le plus faible. L'équilibre serait vivement rétabli par la perte du temps que la partie la plus forte aurait subi pour sa formation.

Soins d'hiver et en général

Comme dans tous les cordons verticaux, on taille chaque année les prolongements vers la moitié de leur longueur et on observe les lois de l'équilibre sur toutes les parties de l'arbre.

Forme en trident

PLANTATION DE 1ᵐ80 A 2 MÈTRES

Recépage. — Cette opération se fait à 0ᵐ35 environ du sol.

Ebourgeonnement. — On supprime tous les bourgeons

jusqu'à la hauteur de 0ᵐ25 à 0ᵐ30 environ, afin d'avoir un petit tronc de cette hauteur.

A cette élévation, on conserve trois bourgeons, un pour le prolongement de la tige et les deux autres pour la formation ou l'obtention des deux sous-mères.

SOINS D'ÉTÉ, EN GÉNÉRAL.

On facilitera la sève à circuler librement au profit des bourgeons destinés à former les deux branches inférieures en tenant la tige dans une vigueur normale, telle qu'elle ne soit ni trop forte ni trop faible, puis en lui faisant subir un ou deux pincements, s'il y a lieu ; enfin on reprendra son ter minal sur un bourgeon anticipé.

On opèrera de la même façon sur l'une des branches inférieures, si l'équilibre est rompu sur l'une ou sur l'autre de ces productions.

Tailles d'hiver en général

Dans la forme en trident, on s'efforce de donner le moins de longueur possible au rameau terminal de la tige qui, lors des tailles d'hiver et d'été, ne devra pas marcher de pair avec les deux autres.

Lorsque l'arbre arrive au sommet du mur, la tige ne doit y parvenir que deux ans après les deux productions secondaires ; par ce moyen, on arrive à un parfait équilibre.

Accidents. — S'il survenait des accidents (une tache de gomme par exemple), sur l'un des membres, il faudrait provoquer sur la partie malade un bourgeon terminal qui se développerait avec d'autant plus de facilité que l'on contrarierait la sève sur les autres parties de l'arbre.

Obtention et entretien
des rameaux à fruits du pêcher

L'obtention des rameaux à fruits du pêcher diffère essentiellement de celle du poirier et du pommier.

Dans les arbres à fruits à pépins, les boutons à fleurs apparaissent sur des rameaux âgés de trois ans environ, tandis que dans les arbres à fruits à noyau, c'est bien différent; on voit s'épanouir les fleurs sur des rameaux développés l'année précédente. Par conséquent, les rameaux du pêcher ne fructifient qu'une fois et la floraison future ne s'effectue que sur des productions nouvelles naissant sur des rameaux développés précédemment. Dans les arbres qui sont abandonnés à eux-mêmes ou qui ne reçoivent pas des soins intelligents, bon nombre de ces rameaux apparaissent au sommet des productions qui ont ainsi donné leurs fruits; de là les vides nombreux dans les coursonnes et la charpente.

Tous les bourgeons qui se développent sur l'étendue d'une branche de charpente n'étant pas aussi bien favorisés par la sève, certains devront être arrêtés de bonne heure dans leur croissance, de là l'utilité du pincement.

PINCEMENT DES BOURGEONS PROPREMENT DITS
(PINCEMENT LONG)

Comme je le disais au chapitre de la taille, dans les cordons obliques du pêcher, les bourgeons ne sont pas et ne doivent pas être pincés tous à la même longueur, puisqu'ils ne sont pas tous d'une égale force.

Prenons comme exemple une branche de charpente dans une palmette simple.

Au printemps d'après la taille qui a été pratiquée sur cette branche, on trouve sur l'étendue du terminal un nombre assez considérable de bourgeons placés tout autour du périmètre du rameau.

Après avoir supprimé les bourgeons de l'arrière et de l'avant et ceux qui forment confusion sur les arêtes, on aperçoit parmi ceux qui doivent être conservés des bourgeons simples, doubles et triples.

Les bourgeons doubles sont ceux qui naissent deux à deux et les bourgeons triples, trois à trois.

Il est inutile de garder cette masse de bourgeons qui ne font qu'apporter de la confusion dans les petites branches, on conserve le mieux placé, et, si on a une suppression à faire sur la partie supérieure, on laisse le bourgeon le plus faible, car celui-ci a toujours le temps de devenir trop vigoureux.

Si au contraire on opère sur la partie inférieure, on conserve le bourgeon le mieux constitué, à moins que ce ne soit vers l'extrémité de la branche, où il y a toujours à craindre un trop grand mouvement de végétation.

PINCEMENT PROPREMENT DIT.

En général les bourgeons de la partie supérieure, à moins qu'il n'y en ait quelques-uns de faibles, sont pincés à 0^{m}20 ou 0^{m}25 environ ; les plus forts et ceux qui ont dès leur début une apparence de devenir gourmands, sont pincés à deux feuilles bien formées ; je dis bien formées parce qu'il ne faut pas compter sur les folioles de la base, et les autres moins vigoureuses le sont à cinq ou six feuilles.

Sur la partie inférieure, tous les bourgeons en général sont pincés pour la première fois à 0^{m}30 ou 0^{m}40. Il serait imprudent de les pincer plus courts ; on s'exposerait à briser l'équilibre qui doit exister entre les productions du dessus et du dessous.

A quoi bon s'amuser de pincer des bourgeons qui sont assez bien constitués et formés de feuilles doubles ou triples depuis la base jusqu'au sommet, c'est l'indice d'une bonne floraison future.

En les pinçant sévèrement, on ne ferait que désorganiser

tous ces boutons doubles ou triples qui vont se transformer en boutons à fleurs pendant la belle saison.

PRODUCTIONS ANTICIPÉES SURVENUES APRÈS
LE PREMIER PINCEMENT

Un seul pincement ne suffit pas pour arrêter complètement la sève dans les bourgeons.

On voit généralement un mois après apparaître au sommet de chacun d'eux un ou deux bourgeons anticipés. Lorsque ces jeunes productions ont atteint une longueur de 0^m20, on les pince à nouveau tout en ayant le soin toutefois de supprimer le bourgeon anticipé du sommet. On peut faire ce second pincement à 0^m25 ou 0^m30, selon que le besoin l'exige; car, si on craignait qu'un pincement trop sévère fait sur le bourgeon anticipé ne fasse naître des faux bourgeons sur la portion du bourgeon destiné à fructifier, il vaudrait mieux adopter un pincement plus long.

On peut encore, si l'on craint une anticipation dangereuse, conserver pendant un moment les deux bourgeons anticipés échus du premier pincement, et, lorsque la sève a pris son essor vers de nouvelles productions, supprimer cette partie superflue et nuisible pour le palissage.

Le second pincement entraîne encore à quelques anticipations à l'extrémité de ces bourgeons; de même que pour le premier pincement, on ne laissera qu'un seul bourgeon au sommet, qui sera lui-même pincé à une quinzaine de centimètres et ensuite palissé.

BOURGEONS ANTICIPÉS DÉVELOPPÉS TARDIVEMENT SUR
L'ÉTENDUE DES BOURGEONS PROPREMENT DITS

Vers le mois d'août, quelquefois avant même, on aperçoit des petits bourgeons anticipés qui se sont développés de boutons doubles ou triples. A ce moment, il ne faut pas se rap-

procher en vert sur cette ou ces productions toutes inférieures placées en réalité d'une façon intermédiaire entre les
boutons doubles ou triples qui donneront leurs fleurs au
printemps suivant.

Le plus sage moyen de tirer parti avantageusement de ces
petites productions qui paraissent embarassantes, est de les
pincer tout simplement à trois ou quatre feuilles ; si elles
repoussent vers le mois de septembre, on les repince à deux
feuilles afin d'achever la toilette de l'arbre. Ces pincements
divers et réitérés ont la faculté de faire aoûter chaque petit
bourgeon et d'enrayer la formation des boutons à bois à l'état
de boutons à fleurs.

*La suppression partielle des feuilles contribue dans une
certaine mesure à diminuer la trop grande vigueur des
bourgeons.*

Ce principe général de la taille est usité avantageusement
pour les bourgeons vigoureux qu'un ou deux pincements
n'ont pu réduire à la végétation normale. Ainsi donc, lorsque
le cas se présentera, on coupera vers le tiers supérieur du
bourgeon intéressé les feuilles par leur moitié ; par cette suppression partielle de feuilles, la sève sera moins appelée
vers ce point et le but sera atteint.

BOURGEONS GOURMANDS ÉCHAPPÉS AU PINCEMENT OU L'AYANT

SUBI DANS DE MAUVAISES CONDITIONS

Il arrive souvent que certains bourgeons oubliés au pincement ou pincés trop longs ont développé nombre de bourgeons anticipés, lesquels ont appelé à leur profit beaucoup
de sève et sont devenus tellement forts qu'il n'y a pas
d'espoir pour l'année suivante.

En pareil cas, il est nécessaire de retrancher sur eux le
plus grand nombre de parties vertes, afin d'éloigner autant
que possible la sève qui se trouve attirée à cet endroit, et,

s'il n'est pas trop tard, vers la Saint-Jean, par exemple, de trancher vers la base du bourgeon et sur les premières feuilles bien formées. On verra apparaître trois semaines après un ou deux bourgeons anticipés, qui seront soumis au pincement. On a toutes les chances d'obtenir de ces bourgeons des petits rameaux assez bien constitués pouvant ainsi donner des fruits l'année suivante. Cette opération, aussi radicale qu'elle paraisse, rend de très grands services en ce sens que si ces productions, qui sont ainsi gourmandes à l'époque où elles sont opérées, devenaient d'une vigueur exceptionnelle jusqu'à la fin de septembre, elles absorberaient pendant trois mois une sève inutile, puisque l'hiver suivant on serait obligé de les tailler au même point que je viens d'énoncer.

DES BOURGEONS ANTICIPÉS SUR LES BOURGEONS DE PROLONGEMENT DES BRANCHES DE CHARPENTE

Dans le pêcher, la sève est si fougueuse que les bourgeons terminaux des branches de la charpente, quoique très vigoureux, ne se développent pas assez promptement; elle est alors obligée de s'ouvrir de nouveaux débouchés, en choisissant les boutons latéraux placés à l'aisselle des feuilles, lesquels se transforment en bourgeons bien avant le temps qui leur est assigné par les lois naturelles.

Ce développement de bourgeons que nous appelons *anticipés* (venus trop tôt) fait le désespoir des cultivateurs et amateurs; leur mauvaise constitution relative aux remplacements futurs les fait considérer comme les plus mauvais rameaux.

Certaines variétés possèdent à la base des rameaux anticipés quelques boutons à bois, ce qui n'est pas à dédaigner, d'autres en sont dépourvues; ceux-ci sont quelquefois éloignés de 0^m05 à 0^m08; dans ce cas, le démembrement des productions fruitières est imminent si on se sert de ces productions pour former de nouvelles coursonnes.

Peut-on, dans la mesure du possible, remédier à cet état de chose ?

Voilà une question que je me suis souvent posée moi-même. Depuis longtemps, de tout temps même, les amateurs de pêchers ont cherché un moyen ; aujourd'hui on est arrivé à une assez bonne solution.

Voici ce que recommande M. Dubreuil, notre grand maître en Arboriculture dans son *Traité d'Arboriculture des arbres et arbrisseaux à fruits de table.*

« On remarque, dit-il, toujours à l'aisselle des feuilles qui émettent ces bourgeons anticipés deux petites feuilles. Ce sont les feuilles stipulaires qui présentent à leur base chacune un petit œil stipulaire, placé de chaque côté de l'œil principal. Si cet œil principal se développe en bourgeon anticipé, son axe entraîne presque toujours en s'allongeant les deux feuilles et les deux yeux stipulaires à quelques centimètres au-delà du point où ils sont nés. De là ces rameaux anticipés mal constitués. Or, l'expérience a démontré à M. Grin, de Chartres, que, si les deux feuilles stipulaires sont coupées dans leur extrémité aussitôt qu'elles apparaissent et qu'on supprim- également la moitié de la longueur de la feuille principale à la base de laquelle naissent les deux premières, la sève n'est plus attirée en aussi grande quantité à ce point, les tissus de l'axe rudimentaire de ce bourgeon perdent leur élasticité et la faculté de céder autant à l'action de la sève ascendante ; le bourgeon anticipé peut s'allonger de nouveau, mais les deux feuilles restent à la base ainsi que les yeux stipulaires. Il en résulte alors des rameaux anticipés beaucoup mieux constitués et semblables pour ainsi dire aux autres produc- tions. »

L'opération est donc des plus simples et des plus faciles ; malheureusement, il faut arriver à temps pour la mener à bien, il faudrait pour cela être constamment avec ses pêchers.

Je conseille donc d'employer ce moyen autant qu'il sera possible.

Autrement et en général, même les bourgeons qui ont été soumis à ce traitement se pincent à 0ᵐ25 ou 0ᵐ30.

Moyen de se débarrasser d'un certain nombre de bourgeons anticipés sur des bourgeons de prolongement très vigoureux.

Lorsque l'on s'aperçoit que sur un ou plusieurs prolongements très ou trop vigoureux se trouvent des bourgeons anticipés d'une certaine longueur, et qu'il n'est plus temps de les traiter d'après les principes ci-dessus, on peut en détruire une partie dans un but même d'affaiblissement, en choisissant vers le premier tiers de l'étendue de la production qui nous occupe un bourgeon anticipé assez fort que l'on palisse sur le bourgeon qui lui a donné naissance, on retranche une certaine portion de ce dernier au fur et à mesure qu'il grandit, on fait disparaître le bourgeon primitif, tout en lui laissant une certaine longueur que l'on fera disparaître vers le mois de septembre, par exemple. Ce bourgeon ainsi traité remplace avantageusement le terminal qui était défectueux, et si la branche elle-même était par trop forte, ce procédé la remettrait à son état normal.

Si de nouveaux bourgeons anticipés apparaissent sur cette production nouvelle, on tâchera de les traiter par les moyens préconisés.

Les bourgeons anticipés placés sur le devant ou l'arrière des bourgeons terminaux étant inutiles, sont supprimés avec précaution, avec la pointe du greffoir ou de la serpette.

Classification des rameaux du pêcher

Pour ne pas faire de confusion dans les différentes sortes de rameaux, je vais les diviser en deux parties bien distinctes : les *rameaux à fruits* et les *rameaux à bois*.

Rameaux à fruits. — Les rameaux à fruits n'étant pas aussi bien constitués les uns que les autres, il s'en suit qu'ils sont encore eux-mêmes subdivisés.

Nous avons donc le rameau à fruit proprement dit, le rameau mixte, le rameau chiffon et le rameau bouquet.

Le rameau à fruit proprement dit est un petit rameau qui ne s'est allongé que de 0ᵐ10 à 0ᵐ20; il est pourvu à sa base de quelques boutons à bois et de boutons à fleurs simples ou doubles dans le reste de son étendue. Ces petits rameaux sont taillés à deux ou trois fleurs pour assujetir la fructification, et les deux boutons de la base sont destinés au remplacement.

Des boutons du pêcher

Je viens de parler des boutons à fleurs doubles ou triples. J'entends par boutons à fleurs doubles, deux boutons partant d'un même point. Ils sont tous les deux à bois, ou bien l'un est à bois et l'autre à fleurs. Les boutons triples ou qua-druples sont formés de trois ou quatre boutons naissant d'un même endroit. Dans les boutons triples, le bouton à bois est placé au milieu des deux autres boutons qui sont à fleurs, celui-ci se développe à l'état de bourgeon. On verra plus loin quelle est son utilité, lorsqu'il est accompagné de pêches.

DU RAMEAU MIXTE

Le rameau mixte est plus fort que le précédent; il est com-posé de boutons triples dans une partie de son étendue et de très bons boutons à bois à la base. La production à bois comme à fruit est assurée sur ces sortes de rameaux; on les taille à trois ou quatre boutons doubles ou triples.

DU RAMEAU CHIFFON

Le rameau chiffon est le plus mauvais rameau à fruit du pêcher. En général, il ne possède qu'un seul bouton à bois à

son sommet, et est chargé de boutons à fleur simple ou double ;
lorsqu'il a fructifié une fois, le remplacement se trouve donc
au sommet du rameau, et un an ou deux après il dépérit.

DU RAMEAU BOUQUET

Le rameau bouquet est petit ; il possède généralement un
bouton à bois dans son centre, lequel est enveloppé d'un certain nombre de boutons à fleurs, c'est le meilleur rameau à
fruit du pêcher dans toute l'acception du mot. Il arrive même
assez souvent que le bouton à bois donne naissance l'année
suivante à un autre petit bouquet, surtout si la petite production n'a pas été surchargée de fruits.

Si les fleurs ou les jeunes fruits sont supprimés sur ce bouquet, il se transforme quelquefois en bourgeon proprement
dit et voire même en rameau mixte.

DU RAMEAU A BOIS

Les rameaux à bois sont des productions qui ne possèdent
que des boutons à bois, par conséquent inutiles pour la fructification présente, mais pouvant donner naissance à des
productions fruitières.

Dans les rameaux à bois, il y a encore inégalité de vigueur
entr'eux.

Nous avons le rameau à bois proprement dit qui est d'une
moyenne grosseur, et qui se taille sur les deux boutons à bois
de la base.

Il y a encore le rameau à bois placé sur des coursonnes
pauvres ou dans une position peu favorable, beaucoup plus
petit même en diamètre que le rameau à fruit proprement
dit. Nous verrons dans un instant comment tailler ces sortes
de productions.

DU RAMEAU GOURMAND

Nous avons déjà vu que le rameau gourmand se taille sur

les deux yeux à bois les plus près de la base, pour obtenir deux bourgeons au printemps, et n'en conserver qu'un seul un peu plus tard. Ce bourgeon sera pincé très sévèrement à deux ou trois feuilles pour obtenir un bourgeon faible assis sur un fort empâtement.

Les rameaux à bois ne sont pas taillés uniformément ; les forts sont taillés très courts et les faibles un peu plus longs.

En effet, si les rameaux à bois du pêcher sont taillés uniformément, les forts comme les faibles, il y a certainement erreur dans un cas ou dans l'autre.

En taillant les forts très sévèrement, on est certainement dans la logique, car la sève est bien moins appelée à leur profit que si on laissait sur eux une plus grande quantité de boutons. Je sais que cette pratique est usitée quelquefois ; je vais en expliquer le but.

DE L'INCONVÉNIENT DE TAILLER LONGS LES RAMEAUX A BOIS DESTINÉS A FORMER DES COURSONNES

Comme je viens de le dire, j'ai vu tailler longs des rameaux à bois vigoureux dans le but d'obtenir à leur base des bourgeons de remplacement peu vigoureux.

A première vue, ce système peut paraître bon à certaines personnes peu familiarisées avec les principes de physiologie. En supposant qu'un rameau à bois très fort soit taillé à six boutons, la théorie en faveur de ce principe dit ceci : la sève sera partagée en six parties, par conséquent chaque bourgeon ne recevra qu'une certaine somme de sève qui elle-même se portera avec force vers le sommet du rameau en y faisant naître des bourgeons vigoureux au préjudice de ceux de la base qui n'en recevront que faiblement.

Plus tard, on se rapproche en vert sur les productions de la base lorsque la végétation s'est modérée.

D'après ce principe, on ne songe qu'à l'influence de la sève ascendante, mais on laisse de côté le nombre de feuilles qui a contribué à donner au rameau un empâtement excessif, lequel ne disparaîtra jamais. On conçoit que l'on aurait ainsi des productions moyennes, mais assises sur une production où les vaisseaux ligneux seraient en grand nombre, c'est donc une branche fruitière détestable à tous les points de vue et qui ne peut être qu'un embarras constant.

PETITS RAMEAUX A BOIS

Les petits rameaux à bois, s'ils sont taillés très courts et à plusieurs reprises, finissent par ne plus donner que des productions de plus en plus chétives.

Il est beaucoup plus sage, sans exagérer cependant, de les tailler à quatre ou cinq boutons; j'en ai même quelquefois laissé d'intacts lorsqu'ils n'avaient que 0^m10 de longueur et gros comme une allumette.

J'avais l'année suivante des coursonnes vigoureuses, ayant sur la branche sous-mère un empâtement raisonnable. L'effet ou le résultat de tout ceci est celui-ci : on obtient vers la base des petits bouquets ou si non des boutons à bois, lesquels se développent l'année suivante avec force, parce qu'ils sont assis sur une coursonne ayant une certaine grosseur.

Si la base de ces productions est à l'état de bouquet, une année après on taille sur deux ou trois de chacun d'eux, on enlève les fleurs ou les jeunes pêches, s'il y a lieu, et on obtient ensuite des remplacements convenables.

De la taille des coursonnes en général

Comme nous venons de le voir, les rameaux à fruits du pêcher se taillent à trois ou quatre boutons à fleurs, selon leur force. Prenons comme exemple un rameau mixte taillé à trois boutons à fleurs et possédant à sa base six boutons à bois, on pourra opérer l'*éborgnage*, qui consiste à supprimer, au moyen de la pointe de la serpette, quelques boutons à bois inutiles.

En commençant par la base, on conserve par prudence trois de ces boutons à bois et on supprime les autres jusqu'aux boutons à fleurs.

Ebourgeonnement et Pincement
sur les coursonnes

L'ébourgeonnement sur les productions fruitières ou coursonnes est de la plus grande utilité; on conçoit qu'on ne doit conserver qu'un nombre utile de bourgeons afin de faciliter le développement des bourgeons de remplacement.

On procède ainsi en commençant par la base :

On doit toujours autant que possible ménager les deux bourgeons les plus près de la branche de charpente : ceci fait, et toujours en allant vers le sommet, on supprime tous les bourgeons qui ne sont pas accompagnés de fruits; ceux qui en sont pourvus à leur base, sont pincés à trois ou cinq feuilles. En somme, on ne laisse donc sur les petites branches que les bourgeons de remplacement et ceux qui sont accompagnés de fruits.

Autre cas. — Il arrive aussi quelquefois que les rameaux à fruits n'ont pas conservé leurs pêches, il est donc urgent de supprimer toute la quantité de bourgeons inutiles. On pratiquera donc le rapprochement en vert, c'est-à-dire que l'on taillera les coursonnes sur les deux bourgeons du talon.

Deuxième taille d'hiver des coursonnes

A la deuxième taille des petites branches, celles-ci possèdent en général deux rameaux qui peuvent être, au point de vue de la production, plus ou moins bien constituées, de là la nécessité de tailles différentes.

Je vais indiquer deux systèmes employés pour la taille des

coursonnes âgées de plus d'un an et possèdant deux rameaux de remplacement.

Nous avons la taille simple, qui consiste à se rapprocher toujours sur le rameau de la base; il faut tailler celui-ci sur quelques boutons à fleurs et procéder ensuite aux opérations du printemps que je viens de démontrer.

Malgré les meilleures précautions, ce système présente d'assez graves inconvénients, car il est facile de comprendre que ces rameaux sont obligés de nourrir leurs fruits et de donner tout à la fois un ou deux remplacements; le résultat n'est pas toujours satisfaisant; tant que les coursonnes sont d'une vigueur relative, tout va bien.

Il peut encore se faire qu'une coursonne aie deux rameaux de remplacement et que l'un d'eux, celui qui est à la base, soit à bois et le supérieur à fruit, dans ce cas il faudra s'éloigner du système simple, car si on taisait la taille simple sur le rameau à bois, la récolte en fruits serait nulle.

Il est donc beaucoup plus sage d'adopter ce principe: tailler le rameau à bois sur deux boutons et aller chercher le fruit sur le rameau le plus élevé en taillant celui-ci à quelques boutons à fleurs. Par ce moyen, la fructification est assurée ainsi que la production à bois: celle-ci ne sera pas fatiguée par les fruits et n'aura pour but que d'émettre deux bourgeons bien constitués. On donne à ce système le nom de *Taille en crochet*. Ce système s'applique encore dans certains cas particuliers, tels que celui-ci: lorsque les deux rameaux de remplacement sont équivalents comme production, mais que celui de la base, pour une cause quelconque, a ses boutons à bois de remplacement plus éloignés de la branche de charpente que ceux du rameau supérieur, on taille ce dernier en crochet, c'est-à-dire à deux boutons, et le rameau inférieur est taillé en toute perte pour la mise à fruit.

La taille en crochet proprement dite consiste donc, à moins d'exception, à tailler le rameau inférieur à deux yeux et d'aller chercher le fruit sur le supérieur.

Ébourgeonnement spécial à la taille en crochet

Au printemps suivant, deux bourgeons sont bien développés sur le rameau qui a été taillé court et, en supposant que celui qui a été taillé pour la fructification ait conservé ses pêches, il ne faudra donc laisser sur lui que les bourgeons accompagnés de fruits et les soumettre au pincement, comme je l'ai indiqué.

Si, au contraire, la fructification est nulle, on supprime cette production inutile sur les deux bourgeons de la base.

Taille des coursonnes converties en petits bouquets

Il arrive que lorsque le pêcher s'avance en âge ou qu'il est fatigué par une trop grande abondance de fruits ou enfin que quelques coursonnes possèdent à la base plusieurs bouquets, il est inutile de laisser au-dessus de ces petites productions d'autres rameaux qui éloigneraient l'action de la sève de la partie inférieure.

En général, sur ces coursonnes, on peut laisser deux ou trois de ces petits rameaux à fruits.

S'il n'y a qu'un bouquet à la base et un petit rameau proprement dit au-dessus, on peut tailler ce petit rameau à deux yeux à bois, pour assurer le remplacement et ne pas altérer la petite production.

MOYEN A EMPLOYER POUR REMPLIR LES VIDES SUR LES BRANCHES DE LA CHARPENTE.

Lorsque les pêchers sont jeunes et que quelques productions fruitières viennent à disparaître, vers le mois de juin on peut les remplacer par des bourgeons greffés en approche ou par des écussons placés vers la fin du mois d'août.

Mais lorsque les pêchers avancent en âge, les écussons ou

greffes en approche rendent moins de service que ce que je vais indiquer et que l'on peut appliquer en tout temps :

Choisir en deçà du vide un bourgeon assez vigoureux, le palisser parallèlement à la branche et le plus près possible d'elle. A l'hiver suivant, tailler ce rameau à 0ᵐ25 ou 0ᵐ30 de longueur, selon sa vigueur, afin d'obtenir deux arêtes ; si le vide se prolonge un peu plus loin, l'année suivante on fera de même sur le rameau terminal de cette production.

Pour obtenir d'un rameau ainsi taillé de bons résultats, on ébourgeonne tous les bourgeons inutiles pour ne conserver que les inférieurs et distants de douze centimètres environ.

Taille d'hiver des rameaux anticipés

Les rameaux anticipés se taillent en général sur les deux boutons à bois de la base.

Au printemps suivant, il s'y développe deux bourgeons ; le supérieur est supprimé, car si les beux bourgeons étaient conservés, ces coursonnes ne se trouveraient pas en rapport avec les bourgeons proprement dits qui sont au-dessus ou au dessous d'eux ; ils doivent donc être traités comme s'ils étaient nés de boutons à bois proprement dits et ne doivent ainsi acquérir qu'une somme de sève relative à leur situation. En laissant sur ces rameaux deux bourgeons, la sève serait appelée à leur profit avec plus d'intensité que sur les autres productions, et c'est ce qu'il faut éviter.

Exception. — On peut conserver dans les jeunes pêchers sur les rameaux anticipés quelques boutons à fleurs, dans le but de satisfaire le propriétaire.

Dressage d'hiver des rameaux à fruits
du pêcher

Sur les branches verticales. — Le dressage est une opéra

tion qui consiste à fixer contre le treillage les petits rameaux du pêcher, afin qu'ils prennent une direction en rapport avec la position qu'ils occupent.

Si les coursonnes ne sont pas dressées pendant l'hiver et surtout lorsqu'elles ont été mal palissées pendant l'été, il s'en suit qu'elles ont une tendance à se jeter en avant, se privant ainsi de l'abri du mur. Or, les futurs remplacements qui doivent naître sur elles supporteront à leur tour cet inconvénient et seront encore plus éloignés du treillage que les productions qui leur ont donné naissance.

Le dressage peut diminuer la force d'une production selon que celle-ci est plus ou moins contrariée; il facilite le développement des boutons de remplacement sur les petites branches.

Mode de dressage

Dans les arbres à branches verticales, les rameaux à fruits du pêcher doivent être dressés sur le treillage de manière à former avec la branche de charpente qui les porte un angle droit.

Lors même que chaque petit rameau serait arqué vers sa base, de haut en bas, au-dessus des boutons à bois, le remplacement serait assuré.

En effet, lorsque ces rameaux sont ainsi placés, la sève se porte avec force au profit des boutons de la base qui reçoivent directement la sève, grâce à cette légère arcure; par ce moyen, les bourgeons supérieurs qui doivent accompagner les pêches se développent moins vigoureusement.

Mode de dressage défectueux

Il arrive souvent que dans ces mêmes formes les rameaux du pêcher sont palissés en arête de poisson, ils sont pour ainsi dire parallèles à la branche-mère ou sous-mère; par conséquent, ils sont dirigés de bas en haut, dans un sens vertical.

Rien de plus mauvais que ce procédé; en effet, la sève afflue avec force à l'extrémité de chacune de ces petites productions et y fait développer des bourgeons trop vigoureux au préjudice de ceux de la base, surtout si l'ébourgeonnement et le pincement ne sont pas pratiqués tout-à-fait à temps.

Dressage des rameaux sur les lignes obliques

Les rameaux sur les lignes obliques seront dressés parallèlement aux branches de charpente, leur extrémité un peu inclinée sur ces dernières; ils forment ainsi une légère arcure de la base au sommet, ce qui favorise le développement des bourgeons de remplacement.

Manière d'opérer. — Dans les lignes verticales, on commence à dresser les rameaux de bas en haut.

Dans les lignes obliques ou horizontales, le dressage doit être commencé de haut en bas.

Tableau des meilleures variétés de Pêchës

Seconde quinzaine de Juillet

Amsden,
Alexander,
Downing,
Early Beatrice,
Early Hale,
Early Rivers,
Early Louise.

Mi-Août.

Baron Dufour,
Madeleine Rouge,
Grosse Mignonne,
Madeleine de Courson.

Deuxième quinzaine d'Août

Chevreuse Hâtive,
Belle Bauce,
Reine des Vergers,
Galande.

Première quinzaine de Septembre

Pourprée Tardive,
Noyau de Montbriant,
Susquehanna.

Mi et fin Septembre

Roussane (Petite Admirable Jaune),
Belle de Vitry,
Marquise de Brissac.

Fin Septembre et Octobre

Royale,
Téton de Vénus,
Chevreuse Tardive,
Brugnon violet,
Grosse Admirable Jaune.

DU CERISIER

ORIGINAIRE DE LA NATOLIE

On le greffe en écusson, fin juillet et août, et en fente deuxième quinzaine de septembre.

Le cerisier se plaît principalement dans les terrains secs ; on le cultive en grand dans les vergers, où il y prend quelquefois de grandes proportions. On en trouve cependant de très beaux dans les sols argileux, mais ils sont plus susceptibles à la gomme.

Dans le jardin fruitier, sa place doit être en espalier à l'exposition du midi, ses fruits y mûrissent de très bonne heure et avant que les grandes chaleurs ne surviennent, leur cueillette est effectuée.

On greffe le cerisier sur le merisier, le Nahaleb ou Sainte-Lucie et le cerisier franc.

On emploie le merisier pour former les hautes tiges ainsi que le franc et la Sainte-Lucie pour les basses tiges que l'on plante dans le jardin fruitier.

Du cerisier en espalier. — Le cerisier en espalier se prête à toutes les formes que l'on veut lui imposer ; cependant, la forme en *palmette Verrier* est une des meilleures que l'on puisse donner à cet arbre ; étant d'une vigueur assez grande, la sève est moins restreinte que dans les petites formes. (Les cordons ondulés donnent de bons résultats.)

Taille. — On emploiera pour les rameaux terminaux des petites formes *l'ondulation,* c'est-à-dire qu'au lieu de les palisser verticalement, ils seront dirigés en serpentin formant ainsi arcure sur arcure jusqu'au sommet du mur. Ces rameaux ainsi traités sont taillés beaucoup plus longs que dans les cordons verticaux ordinaires. On ne retranchera donc seulement que le tiers de leur longueur, s'il y a lieu.

On aura le soin toutefois de pincer sévèrement les bourgeons qui, placés sur les parties supérieures, pourraient devenir trop vigoureux.

Taille des rameaux terminaux en général

La taille des rameaux terminaux se fera, en général, d'après les mêmes données que pour les autres arbres et relativement aux formes à adopter.

Prenons comme exemple un rameau terminal d'une palmette simple, à branches obliques, et, en supposant que ce rameau ait un développement d'un mètre, on retranchera le tiers environ de la longueur du rameau; les boutons latéraux pourront ainsi se développer en bourgeons ou en petits rameaux à fruits.

Ces bourgeons seront d'autant plus vigoureux qu'ils seront plus près du terminal.

Pincement des bourgeons proprement dits

A l'état herbacé, les bourgeons proprement dits seront pincés à une longueur qui peut varier de 0^{m}06 à 0^{m}10.

Ceux qui sont dans le voisinage du terminal et sur la partie supérieure des branches horizontales ou obliques, seront pincés sévèrement à quelques feuilles bien formées (au-dessus de leur rosette de feuilles); ce pincement sévère facilitera dans l'année même l'émission de petits bouquets.

Les autres bourgeons seront pincés à cinq ou six feuilles également bien formées. Un second pincement est souvent nécessaire; on le fera à trois ou quatre feuilles au-dessus du premier.

Première taille d'hiver des rameaux

Lors de leur première taille, les rameaux proprement dits doivent être taillés à quatre ou cinq boutons.

12

La sève ainsi partagée en quatre ou cinq parties fera naître de chacun de ces boutons un petit rameau bouquet, à l'exception toutefois du bouton terminal, qui se développe presque toujours en bourgeon.

Pincement. — On pincera ce bourgeon terminal des coursonnes à trois feuilles au-dessus des bouquets ; ce pincement court portera la sève vers les rameaux à fruits et achèvera leur formation.

Il est bon aussi de faire remarquer que dans le cerisier les rameaux à fruits prennent, d'après leur constitution, différents noms qui sont : les rameaux proprement dits, les rameaux chiffons et les rameaux bouquets.

Rameaux à fruits proprement dits. — Ils sont d'une moyenne grosseur et portent des boutons à bois et à fleurs ; il n'est donc pas rare que ces petits rameaux développés l'année précédente, donnent des fruits après leur première taille. Ces petits rameaux sont taillés à quelques boutons à fleurs, puis au printemps suivant, on s'efforce de faire transformer les boutons à bois inférieurs en petites productions fruitières, et cela en pinçant fortement les bourgeons qui accompagnent les cerises ; l'année suivante, on fera la taille sur un rameau ou sur deux petits bouquets.

De la brindille. — Dans certaines espèces, la brindille est assez fréquente ; on en retranche seulement l'extrémité ; un an après, elle est couverte de petits rameaux bouquets.

Rameau chiffon. — Le rameau chiffon a énormément d'analogie avec celui du pêcher ; dans l'année de son développement, tous les boutons placés à l'aisselle des feuilles se sont transformés à fleurs ; il s'en suit que l'année suivante nous ne pouvons obtenir de cette petite branche que du fruit ; l'avenir de cette coursonne est donc perdu.

Rameau bouquet. — Le rameau bouquet est le meilleur

rameau à fruit du cerisier. Dans ce cas, c'est l'œil de pousse placé dans son centre qui, pendant et après la formation des fruits, se transforme lui-même en bouquet, pour arriver un an après à produire les mêmes effets et les mêmes résultats, mais au bout de quelques années ces coursonnes s'allongent. Il sera bon d'observer que quelquefois des boutons adventices apparaissent soit à côté des tailles, soit dans les rides ; il sera donc prudent de rapprocher les coursonnes sur ces organes, mais alternativement.

Liste des meilleures variétés de Cerises

Deuxième quinzaine de Mai

Belle d'Orléans,
Werder's Early Black-Heart,
Bigarreau Hâtif.

Première quinzaine de Juin

Duchesse de Palluau,
Impératrice Eugénie,
Anglaise Hâtive,
Précoce de Tarascon.

Deuxième quinzaine de Juin

Bigarreau Napoléon,
Magnifique de Sceaux,
Anglaise Tardive,
Beauté de l'Ohio.

Juillet

De Planchaury,
Belle de Choisy,
Montmorency courte queue,
Reine Hortense.

DU PRUNIER

ORIGINAIRE DE L'ASIE ET DE LA GRÈCE

Le prunier est généralement cultivé dans le verger, mais si l'on tient à en planter dans le jardin fruitier, on fera bien de le mettre en espalier au couchant; je ne conseille pas de lui donner la forme en pyramide, celle en cépées lui convient mieux; on pourrait donc en faire un carré spécial.

Il faut dire que cet arbre se soumet difficilement à la taille, les soins généraux sont les mêmes que pour le cerisier; nous verrons d'ailleurs quels sont les soins à lui donner lorsqu'il est planté dans le verger.

Les espèces qui se conviennent le mieux en espalier sont : les Mirabelles, des Béjonnières, Coe's Golden Drop.

Liste des meilleures variétés de Prunes

NOMS	MATURITÉ
Monsieur Hâtif	Mi-Juillet.
Impériale Violette	Fin Juillet.
Des Béjonnières	C. Août.
Monsieur à Fruits jaunes	C. Août.
Petite Mirabelle	Mi-Août.
Reine Claude ou Abricot Vert	Mi-Août.
Reine Claude de Bavay	C. Septembre.
Reine Claude Violette	C. Septembre.
Sainte-Catherine	C. Septembre.
Coe's Golden Drop	Septembre.
Mirabelle Tardive	Octobre.
De Saint-Martin	Fin Octobre.

DE L'ABRICOTIER

ORIGINAIRE DE L'ARMÉNIE

L'abricotier est cultivé dans le verger et dans le jardin fruitier. Lorsque ses fruits sont mûris en plein air, ils sont délicieux et n'ont pas de comparaison avec ceux qui sont venus des arbres en espalier.

Ces derniers ne sont mûrs que d'un côté, la face regardant le mur est généralement verte lorsque le côté extérieur est arrivé à sa complète maturité.

Il redoute une trop grande humidité et une trop grande sécheresse. En Anjou, il y a une quantité d'abricotiers à haut-vent, les récoltes y sont quelquefois très abondantes lorsque la période de floraison s'est passée dans de bonnes conditions, mais il est bien rare d'avoir deux ou trois rendements successifs.

L'espèce la plus cultivée et la moins susceptible est l'*abricot pêche*.

Dans le jardin fruitier, il se place en espalier au levant et à défaut au midi ; cette dernière exposition est même un peu chaude. Il se prête à toutes les formes, mais celles qui lui conviennent le mieux sont celles à branches horizontales ou obliques. J'ai remarqué bien des fois que dans les formes à branches verticales, les productions fruitières ont quelquefois une certaine peine à se développer, il faut alors tailler les rameaux terminaux plus courts que dans d'autres essences.

Si on employait également l'ondulation des branches, on aurait gain de cause ; ce système permet de tailler plus long et les productions fruitières se maintiennent parfaitement, la sève passant ainsi plus lentement d'une production à une autre.

Ce qu'il y a de regrettable dans cet arbre, c'est que lorsqu'on s'est donné beaucoup de mal à le former, on le trouve un beau matin en partie fané, et le lendemain sera le tour à un autre.

Aussi je conseille ceci : Aussitôt que la forme primitive viendra à disparaître, il faudra s'efforcer de rejeter de côté toute idée de reconstitution première.

On utilise un ou plusieurs bourgeons vigoureux pour reconstituer la charpente, puis il faut onduler chacun de ces bourgeons; sur ces parties ondulées sortent d'autres bourgeons vigoureux qui eux-mêmes subissent le même sort. Les rameaux à fruits se développeront en grand nombre, et la gomme sera beaucoup moins à craindre.

Des différents rameaux

On distingue dans l'abricotier les rameaux suivants: Le rameau à bois proprement dit, le rameau à fruit proprement dit, le rameau bouquet, enfin le rameau gourmand.

Prenons comme exemple le rameau terminal d'une branche oblique. On sait que les productions terminales de l'abricotier se taillent plus strictement que dans les autres arbres. Au printemps suivant cette opération, on voit apparaître bon nombre de bourgeons qui sont simples, doubles et triples et d'autant plus vigoureux qu'ils se rapprochent du sommet.

De même que dans le pêcher, avec la pointe de la serpette on supprimera vers le sommet les bourgeons les plus vigoureux pour ne conserver que les plus faibles, et on fera l'inverse dans la partie inférieure.

On aura le soin aussi de les espacer les uns des autres à cinq centimètres environ et on supprimera ceux qui sont à l'arrière.

Les bourgeons de l'abricotier devront être soumis au pincement lorsqu'ils auront atteint de 0^m08 à 0^m10.

Ceux qui seront placés aux extrémités ou sur des positions favorables, on les pincera sévèrement à quelques feuilles ; les boutons étant tellement rapprochés, cette opération fera naître dès la base des petits rameaux bouquets ou transformer les yeux en boutons à fleurs.

Les autres bourgeons moins vigoureux seront pincés à six feuilles environ; on ne compte pas dans le nombre les petites folioles à l'empâtement des jeunes pousses.

Quelques semaines après cette opération, de nouveaux bourgeons anticipés apparaissent au sommet de ces petites productions; lorsqu'ils auront atteint eux-mêmes 0^m10 à 0^m12, on supprimera le supérieur et l'inférieur sera pincé de sa base à cinq centimètres environ. On évitera ainsi la confusion de bourgeons inutiles qui, par leur présence, pourraient appeler trop de sève sur certains points.

Les bourgeons trop faibles ne seront pincés qu'à la hauteur de 0^m15 environ.

D'après ce qui précède, tous les rameaux ne sont pas constitués semblablement, de là leurs différents noms.

Du rameau à bois. — Le rameau à bois proprement dit est d'une grosseur moyenne; ses boutons peuvent être simples ou doubles, triples même. On peut le tailler de deux manières.

1° En lui faisant subir une taille courte sur deux ou trois yeux.

2° En adoptant la taille à cinq ou six boutons.

Dans le premier cas, deux bourgeons naissent généralement de cette taille courte et sont placés très près de la branche de charpente; plus tard, lorsqu'ils ont atteint une longueur de 0^m10 à 0^m12, on retranche le supérieur et l'inférieur subit également le pincement à six ou sept feuilles, selon son degré de force; cette opération agit sur les boutons qui se transforment à l'état de boutons à fleurs.

Dans le deuxième cas, la sève étant partagée entre quatre ou cinq boutons, ceux-ci se transforment en petits bouquets, en ayant le soin toutefois de pincer sévèrement au printemps suivant le ou les bourgeons terminaux de chaque coursonne ainsi traitée, afin que la sève retenue vers les boutons de la base favorise ces petits organes.

L'année suivante, à la deuxième taille d'hiver, on fera la taille sur deux ou trois de ces petits rameaux à fruits; par ce rapprochement on fera naître de nouvelles productions qui à leur tour seront traitées selon leur nature, faisant ainsi place à celles qui ont fructifié.

Rameau à fruits proprement dit

Le rameau à fruits proprement dit est composé de boutons à fleurs simples, doubles ou triples qui sont toujours accompagnés de boutons à bois.

Chaque petite production de ce genre est taillée à quelques fleurs.

Au printemps suivant, on fera naître autant que possible de la base un bourgeon d'une moyenne vigueur qui sera soumis au pincement, les bourgeons accompagnant les fruits subiront sévèrement la même opération et, à la taille suivante, la partie de la coursonne qui a ainsi fructifié est tranchée sur la production nouvelle qui, à son tour, reçoit les mêmes soins que la première.

Rameau gourmand

Le rameau gourmand ayant été oublié au pincement a pris un développement considérable ; si on le taillait long, on ne ferait encore que de l'accroître, le plus sage moyen est de le supprimer vers sa base sur son empâtement ou sur deux boutons. Au printemps suivant, on ne conservera sur ce point qu'un seul bourgeon qui sera lui-même pincé sévèrement, à plusieurs reprises si cela est utile ; de ces différents pincements naîtront des petits bouquets ou des petits rameaux proprement dits.

Remarque. — Il est bon de remarquer que, lorsque les

productions de l'abricotier se sont allongées outre mesure, on peut en rapprocher beaucoup d'entre elles vers leur base, et cela sur des boutons latents placés vers le premier tiers de leur longueur. Chaque année, on travaille ainsi les coursonnes les plus nécessiteuses, en commençant par celles qui sont dépourvues de boutons à fleurs.

On peut encore, comme pour le pêcher, combler les vides par l'apport d'un jeune rameau sur la partie dénudée qui, par le moyen de la taille, donnera des productions qui remplaceront celles disparues.

Rajeunissement de la charpente

Lorsque les branches de la charpente, par suite d'un long exercice ou d'accidents quelconques ne sont plus en état de produire de bons fruits et de nouveaux rameaux, on peut supprimer toute cette charpente, pour en obtenir une nouvelle lorsque la tige est encore en pleine santé.

On coupe ainsi, par exemple, sur un arbre à haut-vent toutes les branches de 0m30 à 0m50 de leur point de départ sur la tige.

Au printemps suivant, on voit apparaître une quantité de jeunes bourgeons, on les laisse tous se développer librement pendant trois semaines ou un mois, ensuite on supprime graduellement, et non d'une seule fois, les bourgeons du centre, ceux qui en un mot forment confusion; or, la sève prend son essort sans secousse sur les parties utiles à la formation de la tête.

L'hiver suivant, on fait une taille à tous ces rameaux, de manière à leur retrancher la moitié de leur longueur; chaque année on peut faire un habillage sur les productions les plus fortes, mais ne pas appliquer une taille proprement dite.

L'abricotier donnant bien de toutes parts de nouveaux bourgeons lorsqu'il subit une opération sérieuse, on peut donc lors de sa plantation ne pas le tailler, lorsque surtout sa mise en place est faite tardivement, par ce moyen on sera certain d'obtenir dix bourgeons pour un.

Les meilleurs variétés d'abricots sont :

Pour Plein-Vent : l'Abricotier-Pêche.

Pour l'espalier : Abricot-Pêche,

Kaïska,

Abricot d'Alexandrie,

Alberge de Tours,

Royal (ce dernier a le défaut de se couvrir de gomme ; en plein vent, il ne réussit pas du tout, et en espalier se prête difficilement à la taille, il redoute les amputations ; il faudrait n'employer que l'arcure et les pincements sans s'attacher à la forme ; il a l'avantage d'être précoce.)

Culture de l'Amandier en espalier

L'amandier est un arbre du Midi, il se plaît dans les terrains secs et profonds, on le cultive aussi en plein vent. Dans les régions froides, il ne produit rien.

Aux environs d'Angers, on en trouve de très beaux et fructifiant beaucoup, mais il ne donne pas dans tout le département les mêmes résultats.

Les amateurs de ce fruit feront bien de le planter en espalier, à l'exposition du levant ou du midi.

On consultera la nature de son terrain et, s'il est plutôt humide que sec, les amandiers à planter devront être greffés sur prunier.

J'ai des espaliers dans les environs de Beaupréau (Maine-et-Loire) qui ont été plantés en 1862 et qui se comportent très bien ; ils sont en forme en **U** et sont soumis au pincement court comme le cerisier (sauf quelques exceptions). Chaque année, ils se couvrent de fleurs et de fruits, et j'ai remarqué qu'ils se plaisent mieux au levant qu'à l'exposition du midi, qui est un peu chaude ; l'écorce s'y durcit promptement et la *grise* s'empare des feuilles.

Les meilleures espèces à cultiver en espalier sont :

L'Amande princesse à coque tendre.

Coque tendre tardif à coque tendre (amande douce).

L'Amande à très gros fruits plats, coque demi-dure (amande douce).

L'Amande commune à coque dure (amande douce).

On peut approprier aux Amandiers toutes les formes que nous connaissons, et pour la formation des branches de la charpente les mêmes soins qui sont décrits pour les autres essences.

Pour les productions fruitières, il est de toute nécessité d'effectuer le pincement sur les bourgeons proprement dits et de très bonne heure, parce que sa végétation est hâtive ; on les pincera à 0^{m}08 ou 0^{m}10 de longueur ; toutefois, les bourgeons vigoureux seront pincés très-sévèrement et cela à trois ou quatre feuilles.

Les petites brindilles ne subiront, pendant l'été, aucun traitement ; au printemps suivant, leur extrémité sera garnie de fleurs. On les arque à la taille d'hiver et, par suite, se développeront à leur base de nouvelles productions qui remplaceront celles qui auront fructifié. On devra aussi ne pas oublier, au moment de la taille d'hiver, de couper avec le sécateur le petit pied ou queue de l'amande qui devient excessivement dur.

Taille des rameaux

De même que dans l'abricotier, on rencontre des petits rameaux à bois et des rameaux à fruits sur les coursonnes.

Les rameaux à bois, lorsqu'ils ne sont pas trop vigoureux, sont taillés comme dans le cerisier, à quatre ou cinq boutons. Pendant l'été qui suit cette opération, les deux tiers des boutons se transforment en petits bouquets, surtout si on a eu le soin de pincer à deux ou trois feuilles les bourgeons qui peuvent se développer au sommet de ces petites coursonnes.

2ᵉ Taille. — A la deuxième taille, on se rapproche sur deux bouquets qui eux-mêmes en reproduisent de nouveaux.

DU RAMEAU PROPREMENT DIT

On le taillera à quelques boutons à fleurs, de même que pour le cerisier ou l'abricotier; on tâchera de faire naître à la base une production fruitière qui remplacera la précédente.

Remarque. — Lorsque les coursonnes vieillissent, elles s'allongent toujours un peu et la production fruitière s'éloigne des branches principales, on choisira donc un bourgeon vers leur base qui sera soumis au pincement et à la taille, et lorsqu'il sera lui-même composé de petites productions fruitières, on rejettera à terre la vieille coursonne qui se trouvera ainsi rajeunie sans aucun alternat pour la fructification.

Il sera bon aussi de supprimer les bourgeons qui naissent chaque année entre les petits bouquets, si on veut éviter la confusion et l'obtention de coursonnes trop fortes.

Rajeunissement des arbres

Si, pour quelque cause que ce soit, les coursonnes et les branches de la charpente perdaient de leur vigueur et que l'on aperçut à la base de l'arbre des productions vigoureuses, il faudrait au moment de la taille trancher toutes les branches de charpente à 0ᵐ25 de la tige, on obtiendrait ainsi des productions nouvelles qui pourraient donner naissance à de nouvelles petites branches fruitières, sur lesquelles on pourrait compter pour donner leurs fruits pendant encore un bon nombre d'années.

CULTURE DE LA VIGNE

Raisin de table

La vigne à raisin de table que nous cultivons dans nos jardins n'est pas absolument difficile sur la nature du sol, elle se plaît d'ailleurs dans des terrains calcaires et graveleux, profonds; une certaine dose de terre franche ne lui est pas défavorable, dans ce sens qu'elle souffre moins de la sécheresse.

Multiplication. — On la multiplie par le semis, par crossettes et couchages ou provins.

1° *Par semis*. — On sème des pépins et on obtient ainsi de jeunes plants qui diffèrent généralement du type primitif.

Pour obtenir des raisins de ceps venus de semis, on les plante à demeure à l'âge de un an ou deux, et lorsqu'ils sont bien enracinés, on les recèpe près de terre sur deux boutons qui l'année suivante donnent naissance à deux rameaux. A la taille suivante, on supprime un de ces sarments, et l'autre est couché en terre à une vingtaine de centimètres et sur une longueur de 0^m30 environ ; on le taille sur deux yeux au-dessus du sol. On commence à élever son jeune cep selon le système de taille à adopter, et deux ans après on extrait du sol les racines primitives qui tiennent de l'état sauvage. Bientôt les fruits apparaissent sur le jeune rejeton et, s'ils ont toutes les qualités désirables, on conservera cette jeune vigne pour la multiplier plus tard, s'il y a lieu.

2° *Des crossettes*. — Les crossettes sont des fragments de sarments ayant une quarantaine de centimètres de longueur. Il y a deux sortes de crossettes : la crossette simple n'ayant pas de talon à sa base, et la crossette proprement dite, ayant à sa base un petit empâtement de vieux bois.

Ces crossettes sont généralement choisies sur les ceps les

plus fertiles et donnant les plus beaux raisins. On les met à bourreleter dans du sable gras, et plus tard on les plante en pépinières distantes les unes des autres, sur le rang, à 0ᵐ08 environ et de 0ᵐ30 à 0ᵐ40 d'un rang à un autre. On ne conserve que deux boutons au-dessus du sol.

3° *Les couchages ou provins* proviennent de sarments couchés en terre sur une longueur de 0ᵐ30 à 0ᵐ40 dont on en relève l'extrémité qui est taillée elle-même sur deux boutons. L'année suivante, on sèvre ce couchage de dessus la mère; on le laisse en place ou on le transplante autre part, selon le besoin.

Formes de la vigne

Les formes de la vigne sont assez nombreuses; pour celles qui sont en plein air, on a adopté depuis longtemps la forme dite en quenouille, composée d'une tige et de *coursons* sur tout le périmètre ; ceux-ci sont espacés de 0ᵐ20 à 0ᵐ25 les uns des autres, chaque cep peut avoir de 1 mètre à 1ᵐ30 d'élévation et est soutenu par un tuteur soit en pierre ou en bois.

Chaque année, on ne prend guère que deux coursons nouveaux sur la tige, ce moyen permet d'avoir toujours des bourgeons d'une bonne vigueur.

Vignes en cordons ou en treilles

Chaque cep est formé de deux bras pouvant avoir chacun une longueur de 1ᵐ50 à 2 mètres. Sur ces bras ou cordons naissent chaque année quelques bourgeons qui forment les coursons ou productions fruitières.

Vignes à la Thomery

A Thomery, village des environs de Fontainebleau, la culture de la vigne à raisin de table a pris de telles proportions que ce sont les raisins cueillis dans cette localité qui ont fait le bien-être de cette population si active. Les raisins de Thomery, ou pour mieux dire de Fontainebleau, sont réputés partout ; cependant, ni le climat ni la situation ne sont favorables à la culture de la vigne. Si les raisins de Fontainebleau ont acquis une renommée, c'est qu'elle est bien méritée, elle est dûe toute entière aux soins intelligents que les cultivateurs donnent à leur culture favorite.

CISELLEMENT DES GRAPPES

Lorsque les grains de raisins sont gros comme du petit plomb de chasse, les femmes commencent un travail minutieux ; toutes les grappes passent dans leurs mains. Aidées de leurs enfants, et avec des petits ciseaux spéciaux dont les deux extrémités sont couronnées pour ne pas attaquer l'épiderme des grains, elles suppriment d'abord la dernière phalange de la grappe. Tous les grains du centre sont supprimés ainsi que ceux qui font confusion dans le pourtour. Avec cette opération, les grains se développent librement, la lumière les enveloppe, le principe sucré est très prononcé, de là la beauté et la qualité de ces fruits.

Si nous avions chez nous cette bonne habitude, il est incontestable que nos raisins auraient au moins l'estime de ceux de Fontainebleau, c'est plus que possible que le gain ne serait pas le même qu'à la porte de la grande ville, mais je crois que nos cultivateurs y trouveraient profit.

A Thomery, depuis un temps immémorial, la formation de la vigne a toujours été en cordons bi-latéraux et superposés, de telle sorte que chaque cep est recouvert par la charpente d'un cep voisin et ayant les uns et les autres le même parcours comme branches principales, et le même nombre également de productions, avec cette seule différence que la tige est plus ou moins élevée.

Cependant, M. Charmeux, propriétaire-cultivateur, d'un rare mérite dans la culture de la vigne, a adopté ou fait adopter le système beaucoup plus rationnel et surtout plus pratique que nous appelons les cordons verticaux ou *arêtes de poisson*.

Les cordons verticaux sont d'une exécution facile ; ils se composent d'une tige qui elle-même porte les coursons placés sur les côtés et espacés de 0^m20 à 0^m25.

Plantation. — Si le mur n'est pas élevé, soit 1^m50 à 2 mètres, on plante les ceps à 1 mètre de distance.

Si au contraire les murs sont d'une hauteur de trois à quatre mètres, on espace les ceps à 0^m50, ce qui permet d'établir des hautes et basses tiges.

Le premier pied ne s'élèvera du sol qu'à la moitié de la hauteur du mur, tous les numéros impairs seront ainsi traités. Tous les ceps à numéros pairs s'élèveront de la première moitié du mur jusqu'au sommet.

Mise en place. — Lorsque la distance de chaque cep est déterminée pour une forme quelconque et que le terrain à planter a été préalablement bien défoncé et amendé, on doit procéder ainsi pour la plantation :

On ouvre tout le long du mur une tranchée de 0^m60 de large sur 0^m30 de profondeur.

On aura le soin de découper en biseau ou en pente le côté de la tranchée adjacente au mur. Cette pente permettra aux racines de se développer en avant.

Comme nous venons de le dire, on plantera à 0^m50 ou à 1 mètre selon le mode de formation. Si la plate-bande n'a pas été bien fumée en défonçant, on y apportera de bons terreaux, bien consommés, additionnés de parties calcaires, si le sol est argileux.

Préparation des plants

Si les ceps à planter sont des provins ou couchages, on supprimera tous les sarments défectueux, pour ne conserver que le plus beau, ainsi que l'extrémité des racines qui peuvent être desséchées. On laisse généralement deux ou trois boutons au-dessus du sol.

Exception. — Si les jeunes plants n'étaient pas bien constitués et que la plantation fut tardive, il serait plus sage de laisser à chaque cep un petit sarment de quatre ou cinq boutons au-dessus du sol; car, lorsque l'on taille sur deux yeux seulement dans l'année de la plantation, c'est que l'on a l'espoir d'obtenir de ces deux boutons, deux bourgeons vigoureux, et si l'on n'obtient que deux sarments faibles, en supprimant le plus élevé pour pratiquer la taille sur le plus bas, nous faisons ainsi deux tailles sur des ceps faibles et pour n'obtenir souvent que de très mauvais résultats. N'est-il pas plus pratique, de ne pas chercher dans l'année de la mise en terre, à faire naître la tige principale, en ne taillant pas ou très peu ces petits ceps.

Un an après, on recèpe chaque jeune plant sur deux yeux au-dessus de terre, et on obtient ainsi de bonnes productions.

DES PLANTS ENRACINÉS PROVENANT DE BOUTURES OU CROSSETTES

Les boutures d'un an, si elles sont enracinées, sont admissibles; on aura le soin de parer avec la serpette l'extrémité *du vieux bois* qui forme l'onglet au sommet de chaque crossette et, s'il est possible, on doit coucher dans le sol toute la portion de vieux bois et ne laisser au-dessus de terre que toute la partie saine du petit sarment, lors même qu'elle n'aurait que 0ᵐ20 de longueur.

Il se développe ainsi une certaine quantité de bourgeons sur ces parties faibles qui leur permettent de prendre un empâtement raisonnable. Un an après, on fait le recépage sur les deux boutons de la base.

Plantation par les couchages successifs

Dans certaines localités, on a l'habitude, lorsque l'on veut établir une Thomery quelconque, de planter à 1 mètre ou 1^{m}50 en avant du mur, et à une distance double de celle que les ceps occuperont lors de leur emplacement définitif.

On couche chaque année l'extrémité de chaque cep sur une longueur de 0^{m}30 à 0^{m}50. Un an avant le dernier couchage, on taille chaque cep sur un seul sarment à deux yeux qui forme ainsi bifurcation. Un an après, on déchausse chaque pied de vigne et le tout est couché en terre, chaque sarment est dirigé vers le point qui est marqué sur le mur, distance exacte de la plantation.

L'argument en faveur de ce procédé est celui-ci : La vigne possédant beaucoup plus de racines que si elle n'avait pas été couchée doit être plus vigoureuse.

J'ai employé ce procédé, croyant bien certainement ne pas être en dehors de la vérité, mais je me suis aperçu du contraire bien des fois depuis. Etant appelé à déraciner ces mêmes vignes, j'ai vu avec surprise que toutes les parties couchées étaient dans le même état ou à quelque chose près que la première année, comme diamètre du moins, et que les racines qui s'étaient émises au début avaient disparu, et cela après douze ans, tandis qu'au contraire, tout l'appareil de racines, tout l'ensemble radiculaire prenait son point de départ au pied du mur, sur la partie de sarment relevé au sommet du sol, et formant ainsi un arc de cercle.

Ceci est tellement facile à comprendre, et chacun sait que, surtout dans la vigne, l'émission des racines se fait avec force sur une partie arquée et près d'un mur surtout où elles reçoivent le degré de chaleur qui leur est favorable. Lorsque l'appareil de racines est ainsi développé, celles qui sont précédemment formées ne remplissent plus leurs fonctions qu'avec difficulté et sont destinées à languir ou à périr.

Si l'on plante au pied du mur, on économise la main d'œuvre des couchages successifs, et par ce procédé, si on met trois ans à faire occuper la place définitive à chaque cep, la vigne plantée à demeure sera aussi avancée que celle plantée par le système précédent.

Soins d'été (APRÈS LE RECÉPAGE)

Au printemps qui suit le recépage ou la taille faite sur deux yeux à la base, les jeunes ceps sont formés de plusieurs bourgeons. On a le soin de choisir les deux plus vigoureux et d'ébourgeonner les autres; pendant l'été, on palisse ces deux productions dans une ligne verticale.

Il faut pincer les bourgeons anticipés à deux ou trois feuilles et non les détacher, comme cela se pratique quelquefois.

Première taille des jeunes ceps

A la taille suivante, le sarment le plus faible est supprimé; le plus fort est taillé selon sa force à quatre boutons.

On doit veiller à choisir pour la continuité de la tige, le bourgeon le mieux placé et le plus fort, puis palisser les bourgeons latéraux sur un angle de 45 degrés.

Si la végétation est plus active sur les bourgeons voisins du terminal, ils devront subir un pincement de 0^m60 environ, selon le besoin, et pincer plus tard les bourgeons inférieurs.

Deuxième taille

OBTENTION DE DEUX OU TROIS PRODUCTIONS FRUITIÈRES

A la deuxième taille, on ne conservera à chaque cep que

deux ou trois sarments fructifères qui sont taillés à un bouton
et le talon, ou à deux boutons et le talon pour les muscats.
La tige sera taillée de 0ᵐ40 à 0ᵐ50 pour obtenir deux nouveaux
coursons. Elle subira cette taille d'ailleurs en raison du bon
développement des rameaux inférieurs. Il est nécessaire que
cette tige reçoive une section à des intervalles assez rapprochés, la sève passe ainsi avec moins de facilité dans les
parties extrêmes. Il faut tailler la tige ainsi de suite chaque
année, en obtenant toujours le même nombre de coursons
bien distants les uns des autres de 0ᵐ20 à 0ᵐ25.

Pendant l'été, on doit surveiller les bourgeons·fructifères
du sommet, en leur appliquant des pincements et des palis-
sages beaucoup plus sévères que dans la partie basse. (Les
bourgeons les plus vigoureux seront pincés à l'état herbacé,
à deux feuilles au-dessus de la grappe la plus élevée).

Des Cordons horizontaux bi-latéraux

(THOMERY)

On entend par là des vignes formées en treilles possédant
deux bras horizontaux assis au sommet d'une tige variant de
0ᵐ40 jusqu'à trois ou quatre mètres du sol.

Lorsque chaque cep est muni d'un sarment vigoureux, on
rend à demeure chaque tige dans un laps de temps plus ou
moins restreint, selon la vigueur du cep ou de son élévation.

On forme les cordons ou T de la vigne de plusieurs manières :

1° Par l'arcure. On procède ainsi, au printemps, lorsque
les bourgeons deviennent un peu ligneux ; on arque sur le
fil de fer le bourgeon terminal de chaque cep et cela à une
feuille placée en sens inverse de la partie inclinée.

Cette arcure se fait à la hauteur exacte qui doit être assignée à chaque cep. Le bourgeon ainsi arqué est arrêté dans
sa croissance par un pincement fait à quatre ou cinq feuilles,

afin de déplacer la sève vers le côté qui doit se former. On voit apparaître, en effet, un bourgeon anticipé que l'on palisse sur une ligne oblique qui, plus tard, peu à peu, prendra comme direction celui de l'horizontale.

A la taille suivante, on le taillera à quelques boutons, mais plus long que le rameau sur lequel il est né, parce que généralement, à ce moment, celui-ci a toujours un degré de vigueur supérieur à celui-là.

Si cependant ce rameau anticipé était mal constitué ou qu'un accident quelconque l'eut détruit, on taillera à deux yeux le sarment primitif, et le bouton naturel placé à l'arcure, en sens inverse, se développera en bourgeon vigoureux.

Taille des sarments de prolongement
des cordons

De même que dans les cordons verticaux, il ne faut pas chercher à obtenir trop de coursons dans une même année; il faut s'attacher, au contraire, à obtenir des sarments vigoureux, source de toute production. On prendra donc, en moyenne et chaque année, deux coursons de chaque côté sur les sarments terminaux, à moins d'une vigueur remarquable qui permettrait d'en tirer parti, et on fera son possible pour que les deux boutons qui doivent donner naissance à ces coursons soient bien placés sur le dessus.

Tout sarment placé dans la partie inférieure des bras sera supprimé.

Le terminal sera toujours formé par un bouton placé au-dessous; on peut évaluer son élongation annuelle de 0^m30 à 0^m40.

Les coursons devront être distants les uns des autres de 0^m20 à 0^m25 et leurs bourgeons fructifères subiront un premier pincement s'ils sont vigoureux, et cela à deux ou trois feuilles au-dessus de la plus haute grappe; les faibles seront laissés en liberté.

Le deuxième pincement devra se faire à 0^m60 ou 0^m70 de la naissance de chaque bourgeon.

Cordons superposés en treille

Si on établit des cordons superposés, on s'arrangera de telle sorte que le premier soit à 0^m40 ou 0^m45 du sol, et le second distant du premier à 0^m70, afin que la lumière se projette facilement sur le cordon inférieur.

Je fais allusion aux treilles qui forment clôture ou bordure sur une allée.

Dans la Thomery à productions horizontales, les cordons sont distants de 0^m60 environ.

Tailles mixtes

On entend par là donner aux vignes, par la taille, une plus grande extension lorsque la vigueur ou la nature du cépage le permet.

Lorsque les cordons horizontaux sont formés, on supprime quelques coursonnes pour les distancer de 0^m50. Sur l'une ou sur deux d'entr'elles, on laisse un sarment taillé à six ou sept boutons qu'on appelle branche à fruit, et ayant un courson de rappel placé au-dessous et taillé à deux boutons. On aura le soin d'arquer chaque rameau à fruit en sens inverse, s'il est possible, du courson de secours.

Les bourgeons sur la branche à fruit seront pincés à deux ou trois feuilles au-dessus de la plus haute grappe, et ceux du courson de la base le seront de 0^m80 à un mètre pour faciliter leur développement. A la taille suivante, la branche fruitière sera supprimée totalement sur les deux rameaux de la base. Les productions qui ont ainsi fructifié seront soumises au repos pendant un an ou deux, et celles qui subissaient les années précédentes les tailles courtes seront assujetties à leur tour à une taille mixte.

Taille des productions fruitières ou coursons

J'ai dit bien des fois que les sarments fructifères de la vigne n'étaient pas toujours taillés rationnellement ; en effet, les sarments faibles sont taillés de telle manière qu'ils dépérissent après quelques années d'une taille mal appropriée. On doit donc se demander si les sarments faibles doivent être taillés comme les plus forts et vice-versa.

Si on employait ce système, il est incontestable que la sève affluerait avec préférence vers les parties fortes au préjudice des plus faibles.

Si on taille encore les sarments très faibles plus courts que les forts, il y aura donc déplacement de la sève au profit des plus vigoureux.

Les principes de physiologie et leur application sont les mêmes pour les sarments de la vigne que pour d'autres productions. En conséquence, tous les sarments faibles, au lieu de les tailler à un bouton et même, comme on le fait trop souvent, sur la mousse ou poil, seront taillés à quatre ou six boutons. Le but de cette taille est d'obtenir de cette partie faible, une production ligneuse très-vigoureuse ayant vers sa base un empâtement plus considérable égal, pour ainsi dire à un sarment vigoureux. On obtient ce résultat par le nombre de bourgeons qui s'y développent et qui sont d'autant plus vigoureux qu'ils se rapprochent du sommet. La sève affluant moins à la base, nourrit cependant fortement les deux premiers boutons qui restent généralement à l'état latent. L'année suivante, la taille ou section se fera sur ces boutons, c'est-à-dire au même point que ce sarment aurait dû être taillé l'année précédente s'il eut été dans de bonnes conditions ; en un mot, c'est appliquer une taille sur une production de deux ans au lieu de la faire sur une plus jeune.

Au printemps suivant, on voit apparaître deux bourgeons vigoureux sur les productions ainsi traitées.

Pour observer et se rendre bien compte de ce procédé, il n'est personne qui, taillant souvent la vigne, ne se soit aperçu de l'état d'une petite ramille oubliée à la taille précédente, et si on observe surtout son sommet, qui quelquefois est gros comme une aiguille et la base comme un sarment moyen, on sera surpris de cette différence de diamètre des deux extrêmes.

Observations. — Comme application de ce principe, lorsque j'ai des ceps faibles, soit dans les vignes en grande culture ou des ceps isolés que les tailles successives ont rendu caducs avant l'heure, j'applique ce procédé, mais en général, sur chaque partie des ceps.

En un mot, je retranche les parties non aoûtées ou sèches, je ne taille pas du tout les sarments faibles, la sève au printemps est ainsi fortement appelée par l'attraction d'une masse considérable de boutons, j'obtiens vers les deux tiers extrêmes de chaque sarment des bourgeons vigoureux dont le moindre est plus fort que celui que j'aurais obtenu par une taille courte.

Les ceps forment de nouvelles racines, de nouvelles couches ligneuses, et, un an après, je viens tailler sur le vieux bois de un à trois boutons, selon la taille à adopter.

DES COURSONS A L'ÉTAT NORMAL

En général, tous les sarments fructifères à l'état normal ne sont pas taillés tous à la même quantité de boutons; on leur applique généralement la taille courte à un et deux boutons et le talon.

La taille faite à un bouton et le talon se fait sur les chasselas qui sont très productifs, en général; si cependant les ceps sont vigoureux, on peut appliquer la taille à deux yeux et le talon; cette taille s'effectue en général sur les vignes à gros bois charnu, aussi bien dans les raisins blancs que noirs.

DES MUSCATS

Pour les muscats, on emploiera de préférence la taille dite *oreille de lièvre* et le *Daguet*, qui consiste à laisser sur la moitié ou le quart des coursons les deux rameaux obtenus d'après la taille. Le rameau supérieur (rameau à fruit) est taillé à deux ou trois boutons, et l'inférieur (rameau à bois) est taillé à un bouton et le talon ; il sert de remplacement pour l'année suivante.

Les bourgeons sur les coursons supérieurs ou parties fruitières sont pincés sévèrement à deux ou trois feuilles au-dessus des grappes, afin de concentrer la sève sur les bourgeons inférieurs qui doivent être pincés très longs pour assurer la reproduction à bois et à fruits.

Règle générale. — A la deuxième taille des productions fruitières ou coursonnes, si les opérations d'été ont été bien exécutées, elles ne doivent porter que deux sarments ; on retranchera en général le sarment supérieur sur l'inférieur, lequel sera taillé à un ou deux boutons, selon la nature du cépage.

On remarquera que si le sarment inférieur n'était pas assez bien constitué pour fructifier, on reconnaîtrait d'avance que cette production ne pourrait donner aucun bon résultat, soit en fruits ou en sarments, pour l'avenir ; si on la taillait en crochet, à un ou deux boutons, le sarment supérieur, considéré comme rameau à fruit, devrait être taillé de un à trois boutons, selon le cépage.

Un an après, cette production supérieure qui aurait ainsi fructifié, serait supprimée totalement sur celle de rappel que je viens de citer.

Remarque. — Il est à remarquer que lorsque les ceps vieillissent, leurs productions fruitières, ou pour mieux dire les rameaux fructifères, sont éloignés de la base des coursons qui les produisent ; cet état de chose porte un préjudice réel à la récolte des raisins, dans ce sens que la sève qui les nourrit est obligée de se livrer un passage très difficile entre toutes ces parties noueuses qui constituent généralement ces petites branches fruitières de la vigne ; il s'en suit que cette marche difficile de la sève n'engendre que des bourgeons chétifs qui, s'ils ne sont stériles, ne donnent que des raisins défectueux, que le langage populaire a dénommés grapillons, lesquels sont, le plus souvent, dévorés par les oiseaux.

Au moment de l'ébourgeonnement de ces coursons, on verra apparaître à la base de ces productions quelques bourgeons à bois, bien entendu inutiles pour la fructification présente ; l'un d'eux, le plus vigoureux, sera conservé pour plus tard, en rapprochant la production ainsi épuisée sur cette partie nouvelle qui aura subi préalablement plusieurs tailles avant d'être appelée à fructifier elle-même.

Rajeunissement des cordons ou des branches de la charpente

Après un long exercice des productions de la vigne, il arrive que les cordons, branches mères ou sous-mères sont fatigués et qu'ils ne produisent que des bourgeons très faibles ; il sera bon de supprimer la moitié ou le tiers de ces branches principales ; il se fait ainsi une sorte de réaction de sève au profit des coursons inférieurs, on obtient en sus de nouvelles productions fruitières qui apportent chaque année de beaux et bons fruits.

MOYEN PRATIQUE TRÈS SIMPLE POUR LA FORMATION D'UNE THOMERY A CORDONS HORIZONTAUX

En employant la méthode chiffrée, rien de plus clair pour assigner à chaque cep son degré d'élévation et son emplacement ; que la Thomery soit composée de cinq ou de sept cordons superposés, le système à employer est le même.

On procède par une des extrémités du mur ou de la ligne

de plantation, le premier cep est toujours réservé et ne compte pas à proprement parler pour former sa part des cinq ou sept cordons horizontaux, il ne sert, en effet, qu'à faire l'encadrement de tous ces cordons.

En dehors de ce premier cep, on compte autant de pieds de vigne que l'on doit former de cordons; supposons que ce soit cinq, à ce dernier point on mettra une marque quelconque sur le treillage, ensuite on choisira entre ces cinq ceps lequel sera appelé à former soit le premier, le second ou le cinquième cordon, etc.

En commençant par le premier de ces cinq sujets, on détermine ainsi le n° 1, c'est-à-dire le premier cordon, qui sera établi à 0^m40 du sol, on trouvera le second cordon; en ne faisant nullement attention au deuxième cep, on passe outre et on s'arrête au troisième pied qui formera le deuxième cep dont les bras seront distants à 1 mètre du sol et à 0^m60 du premier. On continue sa route vers la marque ou le guide qui a été placé sur le treillage, sans s'occuper du quatrième cep, on arrive ainsi au cinquième qui forme lui-même le troisième cordon, puis on revient sur ses pas; il y a donc ainsi deux ceps dont la hauteur comme bras n'est pas assignée, c'est le troisième cep qui doit former le deuxième et le cinquième le troisième cordon. On continue ainsi jusqu'à l'extrémité du mur.

Voici d'ailleurs la méthode chiffrée. Chaque numéro forme le cordon qui lui est correspondant et les deux ceps extrêmes remplissent les vides formés par des ceps dont un des bras pourrait avoir plus de parcours à faire, en étendue, que les autres pieds.

POUR CINQ CORDONS :

| Ceps....... | 1 | 1 | 1 | 1 | 1 | 1 | 1 | 1 | 1 | 1 | 1 | 1 | 1 |
| Cordons.... | 0 | 1er | 4^e | 2^e | 5^e | 3e ⁎ 1er | 4^e | 2^e | 5^e | 3e ⁎ 1er | 4^e | 0 |

Tableau des meilleures variétés de Raisins

ESPALIER

Chasselas de Fontainebleau (blanc).	
Chasselas d'Angers (blanc).	
Chasselas de Florence (blanc)	L'un des meilleurs pour la conservation (grains peu serrés).
Chasselas Rose Royal (blanc)	
Chasselas Vibert (blanc)....	Espalier au levant (susceptible aux froids).
Madeleine d'Angers (blanc)..	
Muscat précoce de Saumur (blanc)...................	Espalier au midi.
Ischia (noir)...............	—
Froc Laboulaye (blanc).....	Espalier au midi ou au levant (susceptible à la coulure).
Chasselas Royal blanc......	Espalier au midi ou au levant (très précoce, se colorant difficilement).
Chasselas de Négrepont (bl.)	
Duc de Malakoff (blanc).....	Espalier au midi ou levant.

FIN DE SAISON

Ch. Rose de Judée..........	Espalier au midi ou levant.
Ch. Tokay des Jardins	—
Muscat Ottonel.............	—
Ulliade ou Ouilliade (noir)...	—
Frankental (noir)..........	—
Golden Champion (blanc)....	Midi.

Culture des Groseilliers à grappes et épineux

GROSEILLIERS A GRAPPES

Les groseilliers ne sont pas délicats sur la nature du sol; ils aiment à être débarrassés des productions superflues qui se développent chaque année dans leur centre, ainsi que des productions épuisées qui ne font que nuire aux nouvelles.

De la taille et de la forme à adopter

Il est bon, avant de nous entretenir de la taille des groseilliers, de conseiller d'enlever, lors de la mise en place, une certaine quantité de boutons radicaux qui sont juxtaposés sur les racines ou au collet de ces arbrisseaux; ils naîtront toujours en assez grand nombre, au fur et à mesure qu'ils avanceront en âge.

La taille la plus généralement adoptée est la forme en buisson.

Si on plante de bonne heure, on peut recéper les jeunes sujets à 0ᵐ25 du sol. Au printemps suivant, un certain nombre de bourgeons se développent, on supprime tous ceux du centre qui forment confusion.

A la deuxième taille, chaque rameau est taillé à 0ᵐ30 ou 0ᵐ40; de nouveaux bourgeons viennent ainsi grossir le périmètre de chaque buisson.

On fera le pincement sur ceux qui sont inutiles pour la charpente, et cela à cinq ou six feuilles, les boutons qui ne se transformeraient pas en bourgeons formeront des petits bouquets.

Chaque année, les petits rameaux proprement dits sont taillés l'hiver à cinq ou six boutons; les plus vigoureux le sont à cinq millimètres de leur naissance sur les boutons nombreux qui existent à leur empâtement.

Les rameaux du groseillier donnent fruit l'année qui suit

leur développement ; on aperçoit chaque hiver sur ces petites productions des petits bouquets. De même que pour les autres arbres, il faut tenir leurs productions fruitières très courtes. On taillera donc chaque petite branche sur trois ou quatre petits bouquets.

Les bourgeons proprement dits qui se développent annuellement sur ces coursonnes, seront pincés sévèrement afin de concentrer la sève vers leur base.

Chaque année, les rameaux terminaux seront taillés en raison du bon maintien des productions fruitières. Cependant, il faut une limite à tout ; lorsque les buissons auront atteint un mètre ou 1^{m}30 d'élévation, on devra les maintenir à cette hauteur.

Avoir le soin de conserver chaque année de nouveaux bourgeons naissant de la base. — Les productions des groseilliers s'épuisent vite, il faut donc savoir conserver quelques pousses nouvelles tous les ans, afin de pouvoir remplacer celles qui sont desséchées ou prêtes à succomber.

Forme en vase ou gobelet

On peut, dans le jardin fruitier, former les groseilliers en vase (à 12 branches).

On procède ainsi : on recèpe le jeune sujet à 0^{m}25 environ. Au printemps suivant, on conserve trois bourgeons qui sont soutenus, c'est-à-dire palissés sur des baguettes, inclinés sur un angle de 30 degrés environ ; la plus basse de ces productions doit naître à 0^{m}15 ou 0^{m}20 du sol, afin de former un petit tronc ou gobelet.

Un an après, chacun de ces trois rameaux est taillé à 0^{m}25 de sa naissance environ, sur deux boutons de côté ; on obtient ainsi six productions charpentières. Les autres bourgeons latéraux qui sont destinés à former les productions fruitières seront pincés à cinq ou six feuilles et recevront les mêmes soins que celles du buisson.

L'hiver suivant, à la deuxième taille des rameaux, on taille chacune de ces six productions obtenues à 0^m25 environ, ce qui donnera ainsi les douze productions demandées.

On évasera le gobelet, par le moyen d'un ou deux cerceaux placés intérieurement, de telle manière que chaque branche du vase soit inclinée sur l'angle de 30 degrés environ.

Remarque. — Il est à remarquer que ces arbrisseaux vivent moins longtemps lorsqu'ils sont taillés symétriquement en vase, parce que la sève est obligée de nourrir toujours la même charpente, et que l'ébourgeonnement forcé que l'on fait chaque année sur les bourgeons radicaux, fatigue énormément les sujets.

GROSEILLIERS ÉPINEUX

Les groseilliers épineux se traitent de la même manière que ceux à grappes. On peut aussi les élever en petites colonnes, de 1^m à 1^m50, et ayant de diamètre 0^m60 ou 0^m70. Il faut éviter la confusion des branches de charpente et laisser celles-ci en liberté, car généralement elles ont une tendance à s'arquer, ce qui facilite la production.

Au début de la formation de chaque branche, on doit ne pas tailler trop court afin d'obtenir des petits rameaux à fruits.

Il est essentiel de mettre un tuteur à la tige, et de ne la tailler que lorsqu'elle a dépassé une longueur de 0^m60. On doit également faire le pincement des bourgeons proprement dits et des bourgeons terminaux à 0^m25 ou 0^m30. (Cette forme facilite la cueillette des fruits).

Le groseillier épineux s'accommode parfaitement de la forme en espalier, en petite palmette, en U et en trident; on observe les mêmes dimensions que pour le poirier. Les fruits sont ainsi faciles à récolter.

CULTURE DU FRAMBOISIER

Le framboisier est peu délicat sur la nature du sol ; cependant il préfère les terrains légers, mais exempts d'une trop grande sécheresse. Dans les sols trop forts, trop compacts, il ne donne pour ainsi dire aucun fruit.

On a l'habitude de cultiver le framboisier en carré, en laissant un intervalle de 0^m70 sur les rangs et 1^m à 1^m30 entre les lignes.

Souvent on ne supprime pas assez de bourgeons et il se forme une obscurité complète au préjudice des fruits. Pour obtenir de belles framboises et en rendre la cueillette plus facile, on distance les lignes de 2^m à 2^m30 et les pieds sont plantés à 0^m60.

La première année de plantation, on taille assez court les jeunes framboisiers, et il est utile de tendre deux lignes de fil de fer distantes du centre des pieds de 0^m45 à 0^m50 et d'une élévation de 0^m70.

Le but de cette installation est de pouvoir, pendant l'hiver, palisser sur l'un des fils l'extrémité des sarments ou rameaux fructifères ; on imprime ainsi à chacun une arcure assez prononcée qui facilite l'émission des boutons fructifères en bourgeons.

Au printemps, on supprime tous les bourgeons radicaux inutiles pour n'en conserver que quatre ou cinq au plus sur chaque framboisier. Ces différents bourgeons sont palissés sur l'autre fil de fer, c'est-à-dire en sens inverse de ceux qui fructifient. Par ce moyen, la lumière pénètre facilement et les framboises sont faciles à cueillir.

Chaque année, on supprime les productions qui ont fructifié et qui sont desséchées, et on les remplace par celles qui sont nées au printemps. On les palisse à leur tour à la place de celles qui viennent d'être supprimées.

Chaque rameau est taillé à la hauteur du fil de fer.

Dans la culture ordinaire, le framboisier est taillé de 0^m60 à 0^m70 de hauteur.

Il est utile aussi de lui donner de bons labours, et, s'il y a lieu, quelques engrais, surtout après une récolte abondante.

DU VERGER

Le Verger est un terrain composé de lignes d'arbres à hautes tiges, plantés en quinconce ou en carré.

Le premier travail à faire dans un terrain destiné à être planté en verger, est de le niveler, s'il y a lieu, avant de le défoncer. Généralement, ce genre de travail est exécuté par tranchées et, pour arriver à ce but, lorsqu'on est bien fixé sur les distances, on trace les lignes de plantation au moyen de jalons ; chaque ligne forme le milieu exact de chaque tranchée, et on donne à celles-ci de 2^m à 2^m50 de largeur et de 0^m70 à 0^m80 de profondeur, et même un mètre, selon la nature du sol.

Distance entre les lignes. — On sait que les arbres fruitiers ont besoin d'une grande somme de lumière pour donner de beaux et bons fruits ; il faut donc avant tout se rendre un compte approximatif de la dimension future de *chaque essence* et de leur élévation.

Que le terrain à planter soit *plat* ou en *pente*, on mettra toujours de préférence les arbres d'une végétation moyenne du côté du soleil, c'est-à-dire au *sud du verger*, et en remontant vers le nord les autres essences, en tenant toujours compte de la vigueur et de l'extension future des arbres.

Les poiriers greffés sur cognassier occuperont le premier

plan, les pruniers et les cerisiers le deuxième, les pommiers le troisième, les châtaigniers et noyers ensuite.

Les lignes de plantation seront distantes les unes des autres de huit mètres environ pour les poiriers, pruniers et cerisiers ; on plantera sur ces lignes à six mètres environ.

Pour les pommiers, on plantera en tous sens de dix à quinze mètres, et de quinze à vingt mètres pour les châtaigniers et noyers.

Plantation proprement dite

Avant la mise en place, on a le soin de se procurer de bons tuteurs préalablement brûlés vers leur base sur une étendue d'au moins un mètre, ce qui contribue énormément à leur conservation. On s'en servira comme alignement.

PLANTATION PAR FOSSES ISOLÉES

Lorsque l'on a des arbres à replanter dans le verger, on ouvre une fosse de deux mètres de diamètre et d'un mètre de profondeur, la terre substantielle est placée de côté ainsi que les plisses d'herbes, et celle de qualité médiocre est également mise à part, puis on répand dans le fond de chaque fosse un bonne quantité de fumier consommé, on y forme ensuite avec la terre superficielle une sorte de taupinière comme un petit cône, au sommet duquel viennent se placer les racines principales. Avec la terre de la surface, alliée à de bon terreau, on couvre les racines en prenant la précaution d'ébranler et de soulever l'arbre de temps en temps pour faciliter le passage de là terre entre toutes les petites racines afin qu'il n'y reste pas de cavités. Il faut s'arranger de manière que lorsque la fosse est complètement comblée, que le collet de la racine ou la greffe de l'arbre se trouve au niveau du sol.

SOINS A DONNER AUX ARBRES DU VERGER

Un an après la plantation, on fait subir à chaque arbre une taille assez sévère, on y conserve deux ou trois rameaux qui sont taillés chacun à une quinzaine de centimètres. D'après cette opération, on obtient pendant l'été suivant, un certain nombre de bourgeons, on conserve ceux qui sont les mieux placés sur les côtés pour former sur chaque branche une bifurcation ; l'hiver suivant l'arbre sera composé de quatre ou six rameaux.

En retaillant chacun d'eux l'année suivante à une trentaine de centimètres de leur base, on obtient ainsi une douzaine de branches de charpente ; on se contente de ce nombre de productions principales et on conserve ensuite d'autres rameaux sur les côtés pour permettre à l'arbre de s'évaser. Tous les deux ou trois ans, on supprime l'extrémité des branches trop vigoureuses, puis on dégarnit le centre des petites productions stériles qui peuvent y croître. En somme, je conseille de ne pas soumettre ces arbres à noyaux comme ceux à pépins à des tailles annuelles et trop sévères, qui n'auraient pour but que d'empêcher la mise à fruit.

Espèces de Poires qui conviennent dans le verger

Toutes les espèces à rameaux pendants, en général, qui conviennent dans le verger sont les variétés à petits fruits et de même pour les variétés de pommes.

Besi de Caissoy ou Chat grillé,
Besi d'Héry,
Beurré Bosc,
Beurré Capiaumont,
Beurré d'Amanlis,
Beurré d'Angleterre,
Beurré Goubault,

Beurré Giffard,
Bonne Louise d'Avranches,
Bonne de Malines,
Citron de Carmes,
Du Mas ou *Duc de Bordeaux,*
Épargne,
Figue d'Alençon,
Martin sec,
Muscat Robert,
Nouvelle Fulvie,
Rousselet de la Cour,
Suprême de Quimper,
Suzette de Bavay,
Verte Longue,
Pain et Vin.

Principales maladies des arbres fruitiers soumis à la taille

Les arbres fruitiers sont exposés à des maladies dont les causes sont très diverses et occasionnées par des désordres dans les fonctions des organes, ou par le ravage des insectes.

Maladies organiques. — Les maladies organiques sont : les *chancres,* la *jaunisse* ou *chlorose,* le *rouge,* le *blanc* ou *meunier,* la *gomme.*

Chancres. — Dans certains terrains, principalement ceux dont le sous-sol est granitique et qui retiennent par cela même une humidité trop surabondante pendant l'hiver, les chancres sont assez fréquents sur les arbres à fruits à pépins, et principalement sur le pommier et certaines variétés de poiriers qui, quoique plantés dans un sol substantiel, ont toujours une tendance à devenir galeux, tel que : *le Beurré gris d'Automne* et *le Beurré d'Angleterre.*

Cette maladie apparaît principalement sur ces sortes d'arbres lorsqu'ils sont plantés dans un sol froid et humide.

Il faut éviter de prendre des rameaux sur des arbres atteints de chancres lorsqu'on en a besoin pour greffer, car on peut être certain que les jeunes greffes seraient héréditaires de ce mal. On reconnaît cette maladie à des plaques brunes sur les écorces qui se soulèvent peu à peu et mettent à nu le corps ligneux, les bords de la plaie forment une saillie spongieuse et humide qui en se desséchant entraînent à la mort les parties voisines ; de là l'agrandissement du mal qui va même jusqu'à envelopper toute la circonférence de la branche.

Lorsque cette maladie n'est qu'accidentelle, soit par la malveillance, soit par la morsure des animaux ou le frottement de la tige ou des branches sur un corps étranger, on doit remédier à ce mal le plus tôt possible par les moyens suivants :

En premier lieu, si cette maladie est organique et que chaque année quelques nouveaux rameaux en soient atteints, le plus sage moyen est de les supprimer ou si non il faudra enlever tôt ou tard ces productions, car elles ne tarderont pas à se dessécher.

En second lieu, si elle n'est qu'accidentelle, avec une serpette, bien nettoyer jusqu'au vif les parties malades, et les recouvrir d'une petite couche de mastic à greffer, ou encore faire de l'*onguent de Saint-Fiacre,* composé de deux tiers de fiente de vache, un tiers de terre franche pulvérisée, le tout bien battu à l'eau, de manière à former une espèce de bouillie qui s'appliquera facilement sur les parties malades. On peut aussi, avant de recouvrir la plaie, laver celle-ci avec de l'acide sulfurique additionné d'eau, ou si on a sous la main des feuilles d'oseille frotter fortement, le sel d'oseille ayant la propriété de cautériser ; il a aussi énormément d'action sur les branches atteintes de gomme dans les arbres à fruits à noyaux.

DE LA JAUNISSE OU CHLOROSE

Les arbres vigoureux sont exempts de cette maladie, elle n'apparaît que sur ceux qu'un long exercice a fatigués ou qui, par une cause quelconque, ont leurs racines malades.

On reconnaît cette maladie à la teinte jaune des bourgeons et des feuilles, quelquefois elle est si invétérée que l'extrémité de chaque bourgeon est panachée de blanc, le mal est ainsi à son apogée, le tissu cellulaire est gravement atteint, ce qui nuit énormément à la préparation des fluides nourriciers.

Remède à y appliquer. — 1º Vers le mois de janvier, on ouvre avec beaucoup de précautions une tranchée circulaire ou demi-circulaire autour de l'arbre malade, selon qu'il est en plein air ou en espalier, on extrait la terre du sol avec une fourche à trois dents et non une bêche afin de ne pas couper les racines.

On dégage celles-ci de la terre qui leur est impropre, puis avec un instrument tranchant on taille les racines atteintes de décomposition, et on regarnit l'arbre ainsi opéré avec de la terre substantielle, riche en propriétés végétatives, en ayant le soin surtout de ne pas laisser de cavités entre celle-ci et les racines.

2º Au mois de mai, il faut employer le *sulfate de fer* ou *couperose* verte dans une proportion de un à deux grammes, par litre d'eau. Je disdeun à deux grammes, car au commencement de la végétation il ne faut pas forcer la dose; lorsque les feuilles sont plus dures, on peut en augmenter légèrement la dose.

Avec une petite pompe à main, on bassine toutes les parties malades le soir après le coucher du soleil, et cela deux fois par semaines; un mois ou six semaines après, un grand changement se sera opéré dans la maladie.

DU ROUGE

J'ai déjà parlé de cette maladie qui est particulière au pêcher, il est donc inutile de répéter ce qui a déjà été dit. (Choix des sujets et des rameaux pour la greffe du pêcher).

DU BLANC OU MEUNIER

Le blanc ou meunier est une maladie propre au pêcher ; tous les bourgeons et les feuilles sont couverts d'une petite poussière blanche, voire même les fruits qui deviennent amers ; ces feuilles ne peuvent s'étendre librement et sont généralement moins longues que celles des arbres de mêmes variétés et non atteintes. Les feuilles cessent leurs fonctions, les jeunes bourgeons deviennent caducs et ne s'aoûtent que difficilement. Cette maladie s'attaque à certaines espèces telles que la *Madeleine de Courson*, le *Brugnon violet*, etc.

Si on ne porte aucun soin à l'espalier qui a une légère atteinte de blanc, bientôt le mal s'aggravera et de nouveaux sujets seront atteints ; je pense, et c'est l'avis de beaucoup de praticiens éclairés, que ce *champignon* est transporté sur les arbres voisins soit par les vents ou les mouches ; il est donc de la plus haute utilité de le combattre sans aucun retard.

M. Lepère, de Montreuil-sous-Bois, qui fut un Arboriculteur des plus distingués, préconisait le lavage ou bassinage des parties atteintes par le moyen d'une petite pompe à main, afin de détacher cette petite poussière blanche. Je me trouve très bien de ce système ; voici, d'ailleurs, quels sont les moyens qui m'ont toujours bien réussi :

Tout arbre atteint du *meunier*, chaque année à l'automne, vers la fin de septembre, je rejette toutes les extrémités poudreuses, je taille de bonne heure, et au moment de l'ébourgeonnement, lorsque les bourgeons ont atteint une longueur de 0^{m}10 environ, je bassine l'arbre sur toutes ses parties vertes avec de l'eau bien oxygénée ; il est essentiel qu'elle ne soit pas *trop froide ;* je fais cette opération deux fois par semaine, le soir après le coucher du soleil.

Entre ces deux bassinages, je soufre toutes les productions lorsque la rosée du matin a disparu.

Pour activer la végétation, il faut employer de temps en temps le sulfate de fer, par le moyen de petites douches et cela dans les proportions données et à raison de deux fois par semaine.

DE LA GOMME

La gomme est une sécrétion de sève particulière aux arbres à fruits à noyaux, et principalement au pêcher. Il est à remarquer que plus les arbres sont vigoureux et surtout lorsqu'ils sont dans un milieu humide, cet accident se manifeste davantage ; de là l'utilité de retirer la surabondance de l'eau des drainages.

Un pincement, une taille trop sévère engendrent la gomme : la sève étant ainsi trop restreinte dans les tissus de l'arbre, les déchire et s'extravase, c'est-à-dire qu'elle sort par ces déchirures et apparaît ainsi sur les bourgeons à l'état coagulé.

Les productions qui en sont atteintes se dessèchent au-dessus du mal, surtout si la tache a envahi tout leur périmètre. Dans ce cas, l'amputation de la partie malade est nécessaire et doit se faire un peu au-dessous du mal sur une partie très saine. On doit reprendre un bourgeon terminal et même deux s'il le faut, et éviter de pincer ou d'arrêter la sève sur les bourgeons latéraux de cette branche, afin d'éviter le retour de cet accident ; plus tard, on procède alternativement aux opérations nécessaires pour arriver sans secousses aucunes à l'expansion de la sève dans le bourgeon terminal qui doit être conservé.

Tache de gomme partielle. — Lorsqu'une tache n'enveloppe pas entièrement le pourtour d'un bourgeon, avec la serpette, on nettoie jusqu'au vif la partie malade, puis *on cautérise cette plaie avec des feuilles d'oseille,* en la frottant avec ces feuilles jusqu'à ce que celles-ci soient pour ainsi dire fondues dans la main, *le sel d'oseille* qu'elles contiennent arrétera la décompositon des tissus ; on laisse sécher un peu la plaie pendant une heure environ et on la couvre entière-ment *d'une petite couche de mastic L'homme Lefort.*

Conclusion. — On évitera cette maladie, dans la mesure du possible, en taillant longs les arbres vigoureux, et en ne faisant l'ablation des bourgeons et leur pincement que par intervalle et non d'une seule fois; en un mot, il faudra dépenser sagement la sève, tout en laissant sur l'arbre des bourgeons inutiles qui seront supprimés plus tard lorsque la sève sera plus modérée, vers le mois de juillet, par exemple.

Insectes nuisibles à la végétation

DU PUCERON

Le puceron est un insecte insupportable qui envahit tout d'un coup les espaliers de pêchers, arrètent la végétation, contournent les feuilles et ont une odeur repoussante. On en distingue deux sortes, le *Puceron vert* et le *Puceron noir*.

Le *Puceron vert,* comme le noir, se place sur la face infé-rieure de la feuille, pique les tissus de cet organe, la con-tourne ainsi et se multiplie à l'infini, dans toutes ces petites cavités. On l'aperçoit quelquefois dès le réveil de la végéta-tion, au moment de la floraison des pêchers; c'est un mau-vais signe pour la fructification, car il attaque les fleurs et les empoisonnent de ses excrétions.

Le *Puceron noir* apparaît un peu plus tard, on peut le voir pour ainsi dire pendant toute la belle saison, *les fourmies viennent* en grand nombre sur les arbres qui sont fréquentés par cette triste famille et viennent s'y repaitre de leurs excré-ments.

Remèdes à employer. — Lorsque le mal n'existe que partiellement, c'est-à-dire qu'il n'y a que quelques bourgeons
atteints, on fait une infusion de tabac et on y trempe l'extrémité des productions; ou bien on se procure de la *nicotine*,
que l'on mélange avec de l'eau dans une proportion d'un
huitième ou d'un neuvième.

On conseille aussi l'injection par le moyen de la pompe à
main, mais on perd beaucoup de liquide qui lui-même n'arrive pas toujours au but; car le puceron étant toujours placé
sous des feuilles contournées, il s'en suit que beaucoup de
ces insectes échappent à la mort.

Fumigation. — Lorsque tous les pêchers d'un espalier sont
atteints par cet insecte, à l'aide d'une pompe à main on mouille
toutes les parties vertes avec de l'eau et on recouvre toute
la surface de l'espalier avec une toile mouillée qui doit
s'adapter au sommet du mur et sur la surface du sol, de
manière à ne laisser aucun issue.

Avec un appareil spécial (petit fourneau) que l'on a soin
d'allumer avec du charbon, on y dépose du tabac très humide;
on le place sous la toile et avec un soufflet on enveloppe de
fumée la surface des arbres, les pucerons sont vite détruits,
on enlève la toile à la fin du jour, et le lendemain, on mouille
tous les arbres avec la pompe à main, pour nettoyer leurs
feuilles qui sont tachées.

Du Kermès. — Le kermès se trouve principalement sur le
pêcher et la vigne. Au printemps, nous trouvons les œufs
généralement sur les parties inférieures des branches. Ils
ressemblent à de la farine et sont recouverts d'une petite
enveloppe brunâtre; c'est la femelle qui est desséchée.
Lorsque la chaleur se fait sentir, l'éclosion à lieu vers la fin
de mai, chaque insecte envahit les jeunes productions et
pique leur épiderme. Nous les retrouvons pendant l'hiver, et
au printemps suivant ils deviennent insectes parfaits, font leur
ponte et donnent ainsi naissance à de nouveaux individus.

Remèdes à employer. — Aussitôt que la taille d'hiver est faite sur les arbres atteints du kermès, on les enduit d'une couche de lait de chaux, additionnée de savon noir et de lessive : soit 600 grammes de savon pour 5 litres de lessive. Dans ce liquide, on introduit de la cendre de chaux afin de faire une bouillie semi liquide et, avec un pinceau, on en badigeonne toutes les parties de l'arbre. Si une seule opération ne suffit pas, une deuxième doit être appliquée l'année suivante.

DU TIGRE.

Le tigre est un petit insecte que l'on rencontre principalement sur les arbres en espalier exposés au levant ou au midi. Il apparaît en grande quantité pendant l'hiver sur toute l'étendue des rameaux et des branches ; à ce moment, il n'est qu'à l'état de larve, mais plus tard, vers la fin de mai, commencement de juin, on l'aperçoit à l'état parfait, il s'applique sur la face inférieure des feuilles et dévore leur parenchyme.

Plus tard, vers l'automne, si le sol vient à se détremper par des pluies fréquentes et que la température soit douce, les arbres qui ont ainsi souffert pendant l'été rentrent en végétation, c'est ce phénomène qui produit de graves inconvénients : les organes à bois et à fleurs recevant tout à coup une sève superflue se développent comme au printemps et fleurissent quelquefois, ou les écailles des boutons disparaissent, les lambourdes gorgées d'eau séveuse se désorganisent, et pourrissent pendant l'hiver ou disparaissent sous l'action des froids.

Remèdes. — On emploiera pour le tigre le même procédé que pour le kermès.

Voici un autre procédé préconisé par la Société d'Horticulture pratique du Rhône :

Il faut laver les arbres et les espaliers avec un mélange ainsi composé : mettre dans 10 litres d'eau 1 kilog de chaux éteinte et 500 grammes de fleur de soufre, puis faire bouillir le tout pendant vingt minutes. On retire du feu, on laisse déposer, puis on décante la liqueur obtenue, laquelle s'emploie alors au titre de 1 litre pour 8 litres d'eau.

DU PUCERON LANIGÈRE

Le puceron lanigère est un insecte redoutable pour les pommiers; on le reconnaît à un petit duvet blanc qui apparaît sur les bourgeons et les rameaux, etc.

Il pique les jeunes productions pour se nourrir de leurs sucs ; ces piqûres déterminent des nodosités, des cavités dans lesquelles il se cache. Les racines également sont attaquées principalement au collet; les arbres qui sont atteints du blanc ne tardent pas à devenir stériles et leur végétation diminue sensiblement.

On doit remédier à cet état de chose le plus tôt possible, dès que l'on s'aperçoit de la présence du mal ; car, comme tous les insectes, les pucerons *lanigères* se multiplient avec une rapidité prodigieuse.

On a été longtemps et on cherche encore aujourd'hui un remède infaillible pour sa destruction.

On en est arrivé à le détruire sur la partie aérienne, mais non sur la partie souterraine; il est possible que quelqu'un trouvera un jour, à force de persévérance et de recherches, le moyen efficace de nous débarrasser de ce terrible ennemi.

REMÈDES USITÉS

L'alcool est employé à l'état pur ou assimilé à l'eau; avec un pinceau trempé dans ce liquide, on brosse fortement les parties atteintes pour le faire pénétrer dans toutes les cavités. On doit recommencer l'opération aussi souvent que possible; en un mot, il ne faut pas donner le temps à l'insecte de se multiplier.

L'esprit de bois. — On doit l'employer à l'état pur et procéder comme pour l'alcool (excellent moyen).

Chaulage. — Faire un lait de chaux analogue à celui qui est conseillé pour la destruction du kermès.

DE L'OÏDIUM

L'oïdium est un champignon, sorte de parasite qui attaque les bourgeons et les fruits de la vigne.

Cette maladie se manifeste vers la fin de mai ou juin, et principalement par une température chaude et humide. Certains ceps ou certaines variétés sont plus prédisposés à l'oïdium que d'autres espèces.

Il faut prévenir cette maladie par l'emploi du soufre (faire un soufrage préventif, c'est-à-dire de très bonne heure) lorsque les bourgeons auront atteints une longueur de 0^{m}05 à 0^{m}10. Pour cela on se procure un soufflet spécial à cette opération, laquelle doit se faire par un temps calme.

Mode de procéder. — On expose le soufre au soleil dans un vase quelconque pendant quelques heures avant de s'en servir, on l'agite pour qu'il soit mieux divisé, et on opère pendant la chaleur, mais non à la rosée, comme cela se pratique quelquefois, car alors le soufre perd son action et influe difficilement sur le champignon.

Si cependant la chaleur était trop intense, il faudrait attendre qu'elle soit apaisée, car le soufre pourrait attaquer l'épiderme des fruits, de là la brûlure.

Un seul soufrage n'est pas suffisant; il en faut faire deux ou trois avant la floraison pour arrêter les spores du champignon, et cependant on doit encore faire cette opération plusieurs fois avant que les raisins ne soient en maturité.

On voit quelquefois employer le soufre pour la première fois lorsque la maladie est dans sa plus grande intensité, c'est à peu près perdre son temps, car à ce moment il n'est plus possible d'arrêter le mal, c'est ce qui fait dire aux détracteurs de ce procédé qu'ils n'ajoutent aucune foi à cet usage.

CONSERVATION DES FRUITS

Il est essentiel d'avoir un local spécial pour la conservation des fruits qui mûrissent pendant l'automne ou l'hiver; on lui donne le nom de *Fruitier*.

Le Fruitier ou fruiterie doit avoir une température toujours égale de dix degrés environ au-dessus de zéro.

Il faut que ce lieu soit plutôt sec qu'humide et dans une certaine obscurité, la lumière facilitant la maturité des fruits.

Le sol de la fruiterie doit être parqueté; on a le soin de pratiquer deux ou trois petites ouvertures au mur de pourtour intérieur, car il est bon que la fruiterie soit entourée d'un petit couloir qui permette de recevoir l'air du dehors par d'autres petites ouvertures pratiquées dans le mur extérieur. Il est bon de remarquer l'utilité de ces petites fenêtres qui permettent de changer l'air de la fruiterie lors de la rentrée des fruits, après cela elles restent closes.

Les murs de la fruiterie sont garnis de petites tablettes ayant 0ᵐ45 de la base jusqu'au plancher, distantes de 0ᵐ25 à 0ᵐ30 les unes des autres, et d'une largeur de 0ᵐ45 ou 0ᵐ50. Les tablettes de la base sont horizontales et plus elles montent vers le sommet, plus elles sont inclinées; les plus élevées peuvent avoir une inclinaison de 0ᵐ40 degrés. Elles doivent être formées de petites lattes ayant entre elles un intervalle de un centimètre et demi environ, afin que l'air puisse facilement pénétrer de bas en haut; chaque tablette est pourvue d'un petit bord extérieur de quelques centimètres. Dans le centre de la fruiterie, une table recouverte de mousse sèche est nécessaire pour recevoir les fruits à l'arrivée. Avant de les classer, on doit garnir chaque tablette de cette petite mousse, et avoir aussi le soin de placer les fruits par ordre de maturité ; chaque case doit être accompagnée d'une étiquette indiquant le nom de l'espèce et l'époque probable de la maturité.

Les fruits les plus précoces occuperont les tablettes les plus basses, et les plus tardifs celles du sommet.

Il faut éviter de toucher les fruits pendant la gelée, et surveiller souvent ceux qui sont atteints de décomposition.

Récolte des raisins

Les raisins ne doivent être rentrés à la fruiterie que lorsqu'ils sont complètement mûrs et qu'il fait un temps bien sec.

Il faut choisir de préférence ceux dont les grains sont peu serrés et procéder à leur toilette, en supprimant avec des petits ciseaux les grains douteux qui ont une tendance à se corrompre.

Conservation. — Plusieurs moyens sont employés :

Des raisins à rafle sèche. — Dans beaucoup de localités on procède ainsi : on se procure des cerceaux, on y attache chaque grappe à l'aide d'un petit fil de fer faisant l'S, en ayant le soin de le fixer à la base du raisin, de sorte que les grains s'écartent d'eux-mêmes. Ces grappes ne doivent pas se toucher entre elles et le tout est remonté vers le plafond.

Voici d'ailleurs ce qui se fait à *Thomery* pour la conservation des raisins. — Dans un appartement spécial, on dispose autour des murs des tablettes de 1^m de largeur et superposées entre elles ; celles-ci sont à coulisses et le fond est garni de feuilles de fougère bien sèches sur lesquelles sont appuyés les raisins.

Raisins à rafle fraîche. — On dispose tout autour des murs de la fruiterie des tringles de bois pouvant avoir 0^m10 de largeur sur 0^m05 à 0^m06 d'épaisseur, superposées entre elles de 0^m30 à 0^m40 et maintenues par des supports de distance en distance.

Chacune de ces tringles doit être échancrée pour recevoir une petite bouteille remplie d'eau, dans laquelle on verse ensuite une cuillerée de poussière de charbon de bois, ce qui a la propriété de conserver l'eau.

Le moment venu pour rentrer les raisins à la fruiterie, on profite d'une belle journée, comme je l'ai déjà dit, on attend que les raisins soient parfaitement secs, on choisit dans ses treilles les raisins les plus beaux, les moins serrés, et avec le sécateur, on coupe les sarments qui portent ces grappes à environ trois ou quatre boutons au-dessous de la grappe la plus basse, et on en laisse deux seulement au-dessus de la plus élevée. On supprime les feuilles, chaque petit sarment avec ses fruits est déposé dans une bouteille; on a ainsi des raisins frais pendant tout l'hiver. Il faut bien entendu surveiller les grains qui se détériorent, une fois par semaine au moins.

Moyen de combattre l'humidité dans le fruitier

J'ai employé pour combattre l'humidité dans les fruiteries, le *chlorure de calcium, moyen recommandé depuis longtemps par M. Du Breuil.*

Voici, d'ailleurs, le procédé qu'il indique et qui m'a toujours réussi :

On fera construire une sorte de caisse en bois, présentant une surface de 0^m50 carrés et d'une profondeur de 0^m10. Elle sera élevée sur une sorte de petite table à 0^m40 du sol. Celle-ci présentera sur l'un de ses côtés une pente de 0^m03. Au milieu du côté le plus bas de la caisse, on réservera une petite ouverture ou déversoir destiné à laisser écouler le liquide qui s'accumulera dans cette caisse. Ce liquide sera reçu dans un vase en grès placé au-dessous. L'intérieur de cette caisse devra être doublé avec une feuille de plomb. Ce petit appareil est placé dans le fruitier sous l'un des bouts de la table. On répand du chlorure de calcium bien sec, en morceaux poreux et non fondus, dans le fond de cette caisse et sur une épaisseur d'environ 0^m08. A mesure qu'il absorbe l'humidité, le liquide s'écoule dans le vase placé à côté. Si la quantité de chlorure que l'on a employée d'abord est insuffisante, on en ajoute une nouvelle dose. Il suffira d'environ vingt kilog. de ce sel employé en trois fois pour enlever dans le fruitier l'humidité nuisible. Le liquide qui résulte de cette opération doit être précieusement conservé dans des vases en grès couvert avec soin jusqu'à l'année suivante, on versera alors ce liquide dans un vase en fonte. On place ce liquide sur le feu, et l'on fait évaporer. Le produit est encore du chlorure de calcium que l'on peut employer chaque année de la même manière.

CULTURE
des arbres forestiers et d'alignement

Il est de la plus grande utilité de connaître la nature du sol que préfère telle ou telle espèce d'arbres forestiers et d'alignement lorsque l'on doit les planter par groupes ou isolément ou par lignes pour avenues ; car les uns préfèrent un sol plus ou moins humide, d'autres se plaisent dans des terrains secs, d'autres enfin, aiment le voisinage des cours d'eau.

On peut se rendre compte soi-même, dans une certaine mesure, quels sont les arbres qui feront bien ici ou là, en examinant dans les environs les arbres plus ou moins gigantesques qui y croissent ; c'est un guide sûr et qui ne peut tromper celui qui s'y confie.

Plantation proprement dite

De même que pour les arbres fruitiers, il ne faut pas économiser sur le travail de la plantation ; le terrain doit être défoncé si l'on plante en groupes, de larges fosses sont ouvertes si c'est isolément, et on défonce par tranchées pour les arbres d'avenues.

Mise en place

Lors de la mise en place, on taille proprement les racines avec une serpette afin de rejeter toutes les parties mutilées par la déplantation et on met un fort tuteur pour soutenir l'arbre avant même qu'il ne soit assis.

Tailler, c'est-à-dire réduire au quart ou au tiers de leur longueur leurs branches latérales, sans toucher à la tige, couper plus court que les branches qui l'environnent.

Asseoir l'arbre sur le sommet d'une taupinière, faite dans le fond de chaque fosse, avec de la terre substantielle, et recouvrir les racines avec une substance analogue. Soulever l'arbre, l'ébranler de tous côtés pendant l'opération, afin que la terre pénètre bien dans toutes les cavités.

Si le sol n'est pas humide, tasser ensuite avec les pieds. Il ne faut pas oublier aussi qu'*il faut éviter d'attacher les arbres aux tuteurs aussitôt leur mise en place,* car ils ne peuvent suivre le mouvement du tassement et restent ainsi suspendus. Plus tard, lorsque la terre s'est affaissée, on attache l'arbre avec des osiers, en ayant le soin toutefois de garnir à chaque attache le périmètre de la tige de petits tampons de paille ou de foin préparés à l'avance, pour éviter ainsi certaines blessures que le frottement pourrait occasionner sur les écorces.

BINAGE

Les binages sont essentiels pour la bonne végétation de

ces arbres; il faudra donc rendre la terre perméable afin que les pluies puissent facilement pénétrer jusqu'aux racines.

Principes généraux. — Il est aussi de la plus grande nécessité de ne couper sur ces arbres aucune production, que lorsqu'ils seront parfaitement enracinés :

Equilibrer la sève dans l'ensemble de l'arbre, en modifiant par la taille les productions les plus vigoureuses, tout en ayant le soin de ménager les parties faibles.

Favoriser le libre développement de la tige, surtout dans certaines variétés qui se ramifient trop près du sol, comme dans le *noyer*.

Ne pas pratiquer l'élagage proprement dit sur des arbres trop faibles, et faire cette opération à plusieurs reprises pour ne pas imprimer un malaise général dans la circulation de la sève.

Ne pas trop tarder à retrancher des branches trop fortes qui sont inutiles en dehors de la future élévation du tronc ; système qui se fait généralement trop souvent, ces branches, prenant un diamètre considérable et empêchant par leur présence de permettre à l'arbre de s'élancer et de produire une tête assez élevée.

Ne supprimer jamais une grosse branche d'une seule fois, car les vaisseaux ligneux en formation se ressentiraient de l'effet des productions disparues qui ne peuvent plus, par leur concours, achever leur structure ; de là souvent le déssèchement observé dans les écorces, dans le corps ligneux, après une opération trop radicale.

Cet inconvénient est moins à craindre si on met deux années à faire disparaître une forte branche.

Il faut aussi avoir le soin de ne pas laisser exposées au contact de l'air les amputations faites sur la tige, il est donc nécessaire de les recouvrir de mastic à greffer.

Si l'élagage était toujours bien fait et à temps, combien d'arbres, lors de leur mise en vente, auraient une réelle valeur; ce qui les fait rejeter le plus souvent, ce sont ces nœuds mal recouverts et desséchés, qui enlèvent à ces arbres tout leur prix.

Ce qui nuit aussi également à la vente de ces arbres, et ce qui porte un préjudice réel aux propriétaires, c'est que souvent la tige qui est employée comme bois de construction ou de travail quelconque n'est pas assez élevée, le reste de la charpente de l'arbre n'est utilisée le plus souvent que comme bois de chauffage.

Traitement élémentaire des arbustes
et arbrisseaux d'ornement

ARBRISSEAUX A FEUILLES CADUQUES

Les arbustes, comme toutes les plantes d'ailleurs, demandent un terrain perméable; au moment de la mise en place, on taille les racines et on fait l'habillage de leurs rameaux, c'est-à-dire qu'on en retranche une certaine longueur pour faciliter la reprise.

Il faut bien se donner garde, comme cela se fait trop souvent sous le prétexte de taille dans certaines espèces, de retrancher pendant l'hiver une partie des rameaux obtenus pendant la belle saison; on se prive ainsi de fleurs au printemps et on ne doit pas s'étonner dans ce cas que tel ou tel arbuste ne fleurit pas.

Les arbustes ou arbrisseaux qui fleurissent au printemps sur les rameaux de l'année précédente ne seront taillés qu'après la floraison et *aussitôt après,* afin de ne pas nuir au développement des productions futures, lesquelles sont appelées à leur tour à donner leur contingent de fleurs, une année après.

Il est bon aussi, tous les six ou sept ans, de rabattre les touffes d'arbustes à feuilles caduques, en supprimant le tiers ou la moitié de leur volume; on obtient ainsi de nouvelles pousses plus vigoureuses et par suite une floraison plus abondante.

ARBUSTES A FEUILLES PERSISTANTES

Les arbustes à feuilles persistantes ne sont beaux que lorsque leurs rameaux sont laissés en liberté ; je sais que le caprice fait souvent de ces *arbres* ou *arbrisseaux* des formes plus ou moins fantaisistes.

A moins que ce ne soit pour former une haie vive ou tapisser un mur, les arbustes à feuilles persistantes placés en massifs sont plus beaux avec leurs *rameaux libres* que lorsque ceux-ci sont travaillés à l'excès.

Cependant, si ces arbres se déforment, s'ils s'étiolent, il est toujours facile par une taille raisonnée de retrancher les parties dominantes pour arriver ainsi à un parfait équilibre de la charpente, en général.

Pour certaines variétés, comme les *lauriers-thin*, qui fleurissent sur les rameaux d'un an, il est bon, s'ils sont soumis à la taille, de n'appliquer celle-ci qu'après la défloraison.

RECETTES UTILES

MASTICS A GREFFER :

1° Le mastic à froid le plus répandu est le mastic l'Homme-Lefort.

2° Le mastic à chaud est ainsi composé :

Pour 100 parties, on prend :

Poix noire...............	28
Poix de Bourgogne.........	28
Cire jaune...............	16
Suif....................	14
Cendres tamisées, ou ocre...	14
TOTAL.............	100

Faire fondre les résines sur un feu doux et ajouter la cendre.

Ce mastic doit être employé à une température très modérée.

Préservation des arbres en espalier

BRULURE

Les arbres en espalier et principalement le pêcher souffrent de la trop vive lumière; leurs écorces se dessèchent, l'aubier

lui-même se carbonise et lorsque cet état de chose se manifeste, la sève ne circule plus qu'avec difficulté dans le tronc
ou les branches qui sont atteintes de cette affection. La sève
ne passant plus que par les parties ligneuses qui touchent le
mur, il s'en suit un malaise général qui peut s'aggraver de
plus en plus, et les arbres ainsi atteints ne tardent pas à succomber.

Pour obvier à cela, il faut employer le procédé suivant :

On se procure de la *fiente de vache* que l'on mélange avec
de la terre argileuse bien pulvérisée, on y ajoute de l'eau en
quantité suffisante pour obtenir une bouillie qui ne soit ni
trop épaisse ni trop liquide. Vers le mois de mai, on en fait
une application à l'aide d'une spatule sur les écorces qui
sont les plus exposées à la rigueur du soleil. A l'automne, on
débarrasse de cet enduit les diverses parties de l'arbre qui
ont été ainsi garanties.

Remarque. — Il ne faut pas attendre, pour employer ce
système, que les arbres soient déjà vieux. La prudence veut
au contraire qu'il soit appliqué lors de la jeunesse des arbres
afin que leurs écorces soient et restent toujours saines.

Binages et labours des plates-bandes de pêchers, etc.

Il est essentiel de donner au printemps un léger labour aux
arbres en espalier, surtout pour les pêchers. Il s'agit de
gratter pour ainsi dire la surface du sol ; un labour trop profond entraînerait la destruction d'une grande quantité de
petites racines et de petits chevelus. Il est à remarquer que
les plus beaux pêchers sont ceux qui ont leurs racines principales à la surface du sol.

Procédés artificiels pour faciliter la végétation

Paillis. — Il est urgent au printemps, avant les grandes

chaleurs, de couvrir la plate-bande des arbres en espalier d'une bonne couche de fumier mi-consommé afin de conserver l'humidité du sol.

Arrosage. — Pendant les grandes chaleurs, il est utile de mouiller fortement le paillis et d'arroser non-seulement au pied du mur, mais encore dans toute l'étendue de la plate-bande.

Si on arrose au pied de l'arbre, une partie de l'eau filtre dans les cavités de la muraille et sans aucune utilité pour la végétation.

Cueillette des pêches. — Beaucoup de personnes ont la mauvaise habitude, lors de la cueillette des pêches, d'appuyer fortement les pouces sur ces fruits, voulant ainsi s'assurer de leur maturité; ce moyen est déplorable, car les fruits ainsi maltraités ne tardent pas à noircir sur le point qui a été touché. Il faut au contraire placer la paume de la main au-dessous du fruit, et par un léger mouvement de *bas en haut* la pêche se détache d'elle-même si elle est à point; si au contraire elle résiste, c'est qu'elle n'est pas encore mûre.

Cueillette des poires.

Certaines variétés de poires sont assez difficiles à détacher de la bourse, il est de toute nécessité d'apporter la plus grande attention à la *cueillette*.

Il faut prendre le pédoncule du fruit, en ayant soin toutefois de maintenir ce fruit de l'autre main, et d'imprimer, comme pour les pêches, un léger mouvement de bas en haut; par ce moyen le fruit se détache facilement.

Si on ne prenait pas ces précautions qui paraissent peut-être futiles, on s'exposerait à détacher la bourse, source de productions fruitières pour l'avenir.

FIN

ARBRES FRUITIERS

CHOIX DES MEILLEURES FORMES POUR ESPALIERS ET CONTRE-ESPALIERS

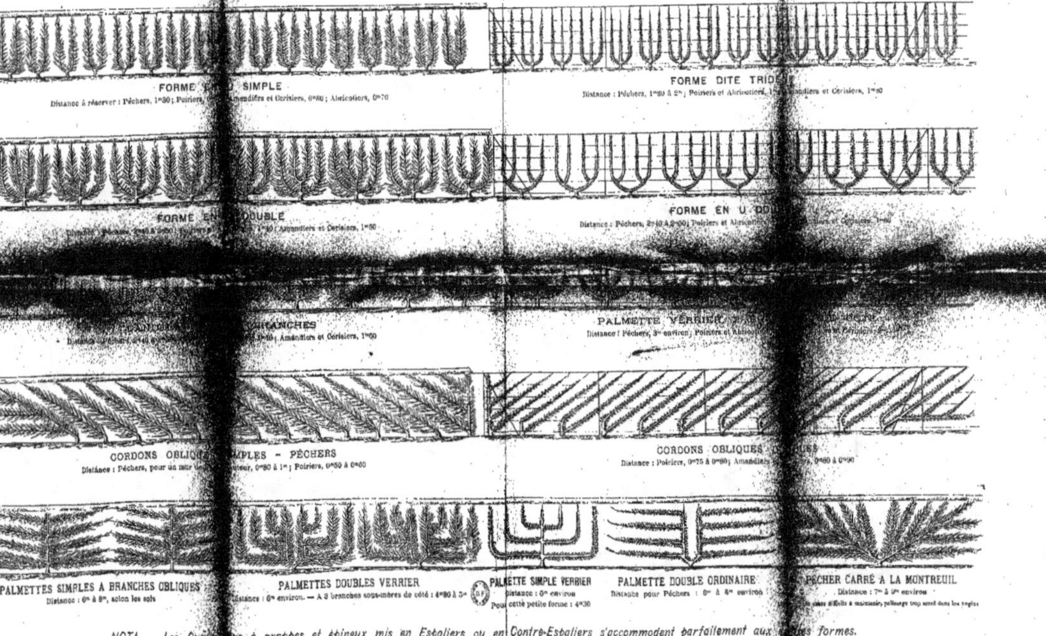

NOTA. — Les Groseilliers à grappes et épineux mis en Espaliers ou en Contre-Espaliers s'accommodent parfaitement aux autres formes.

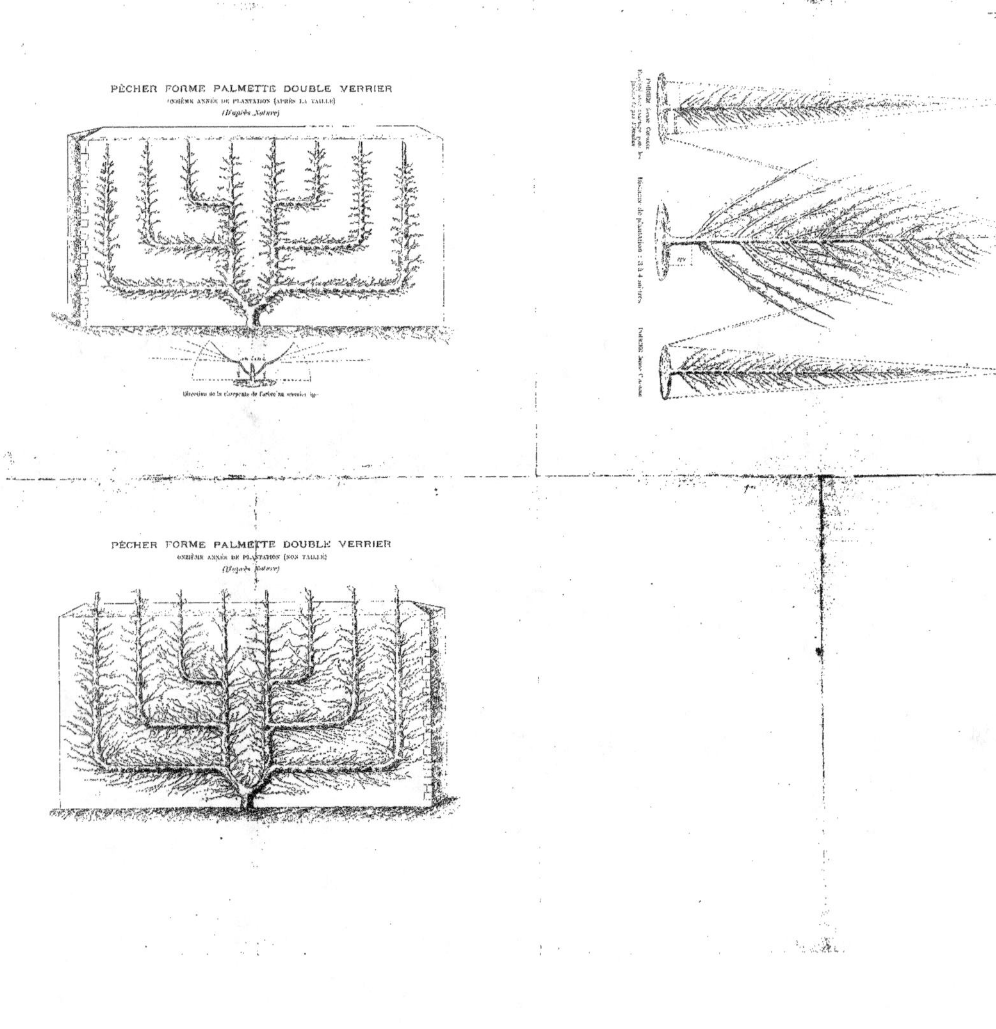

PÊCHER FORME PALMETTE DOUBLE VERRIER
DIXIÈME ANNÉE DE PLANTATION (APRÈS LA TAILLE)
(D'après Nature)
PÊCHER FORME PALMETTE DOUBLE VERRIER
ONZIÈME ANNÉE DE PLANTATION (NON TAILLÉ)
(D'après Nature)

TABLE DES MATIÈRES

ANGERS. — IMPRIMERIE L. HUDON